Desalegn Amenu
Ayantu Nugusa

BIOLOGIA MOLECULAR

Desalegn Amenu
Ayantu Nugusa

BIOLOGIA MOLECULAR

A base molecular da vida: Uma introdução à biologia molecular

ScienciaScripts

Imprint

Any brand names and product names mentioned in this book are subject to trademark, brand or patent protection and are trademarks or registered trademarks of their respective holders. The use of brand names, product names, common names, trade names, product descriptions etc. even without a particular marking in this work is in no way to be construed to mean that such names may be regarded as unrestricted in respect of trademark and brand protection legislation and could thus be used by anyone.

Cover image: www.ingimage.com

This book is a translation from the original published under ISBN 978-620-7-84310-7.

Publisher:
Sciencia Scripts
is a trademark of
Dodo Books Indian Ocean Ltd. and OmniScriptum S.R.L publishing group

120 High Road, East Finchley, London, N2 9ED, United Kingdom
Str. Armeneasca 28/1, office 1, Chisinau MD-2012, Republic of Moldova, Europe
Printed at: see last page
ISBN: 978-620-8-08800-2

Copyright © Desalegn Amenu, Ayantu Nugusa
Copyright © 2024 Dodo Books Indian Ocean Ltd. and OmniScriptum S.R.L publishing group

BIOLOGIA MOLECULAR

A base molecular da vida: Uma introdução à biologia molecular

Prefácio

A biologia molecular é um dos domínios mais dinâmicos e influentes das ciências biológicas, desvendando os mecanismos intrincados que regem o comportamento, a função e a regulação das moléculas nos organismos vivos. Este livro tem como objetivo fornecer uma introdução abrangente e acessível aos conceitos fundamentais, técnicas e aplicações da biologia molecular, servindo tanto como um livro didático para estudantes como uma referência para investigadores.

A viagem à biologia molecular começa com uma exploração dos fundamentos moleculares da vida, investigando a estrutura e a função dos ácidos nucleicos, proteínas e outras macromoléculas que são fundamentais para os processos celulares. À medida que o campo continua a evoluir, a integração de novas tecnologias e metodologias expandiu a nossa compreensão da expressão, regulação e redes de interação dos genes, oferecendo conhecimentos sem precedentes sobre a base molecular da saúde e da doença.

Ao longo deste livro, damos ênfase a uma abordagem multidisciplinar, destacando as intersecções da biologia molecular com a genética, a bioquímica, a biotecnologia e a biologia computacional. Ao apresentar exemplos do mundo real, estudos de casos e resultados de investigação actuais, pretendemos ilustrar as aplicações práticas e as implicações da biologia molecular na medicina, agricultura, indústria e ciências ambientais.

Reconhecemos a importância da experiência prática no domínio da biologia molecular. Por isso, este livro inclui protocolos detalhados, técnicas experimentais e dicas de resolução de problemas para orientar os leitores através de práticas laboratoriais e promover uma compreensão mais profunda do processo experimental.

Na construção deste texto, recorremos à experiência colectiva dos principais cientistas e educadores da área, assegurando que o conteúdo é simultaneamente autorizado e atualizado. O nosso objetivo é inspirar a curiosidade, fomentar o pensamento crítico e equipar os leitores com os conhecimentos e as competências necessárias para navegar e contribuir para o panorama em constante evolução da biologia molecular.

Agradecemos aos muitos colegas, revisores e estudantes cujos valiosos comentários e ideias deram forma a este trabalho. Esperamos que este livro sirva de catalisador para a descoberta, a inovação e uma paixão para toda a vida pela biologia molecular.

Desalegn Amenu

Ayantu Nugusa

Índice

1. Introdução

A biologia molecular é o ramo da biologia que lida com a base molecular da atividade biológica. Centra-se nas interações entre os vários sistemas de uma célula, incluindo as interações entre o ADN, o ARN e as proteínas, e na forma como estas interações são reguladas. A compreensão destas interações moleculares é crucial para entender como as células funcionam, se diferenciam e respondem ao seu ambiente.

O dogma central da biologia molecular

No coração da biologia molecular está o dogma central, que descreve o fluxo de informação genética num sistema biológico. Criado por Francis Crick em 1958, o dogma central afirma que a informação genética flui do ADN para o ARN e para a proteína. Este processo envolve duas fases fundamentais: transcrição e tradução. Durante a transcrição, a informação contida no ADN de um gene é transferida para uma molécula de ARN mensageiro (ARNm). A tradução converte então a sequência de ARNm numa sequência específica de aminoácidos, dando origem a uma proteína.

A maquinaria molecular da vida

As células estão equipadas com um conjunto complexo de maquinaria molecular que desempenha várias funções necessárias à vida. As polimerases de ADN replicam o ADN, as polimerases de ARN transcrevem genes, os ribossomas sintetizam proteínas e uma miríade de enzimas facilitam as reacções bioquímicas. Compreender a estrutura e a função destas máquinas moleculares permite compreender como é que as células crescem, se dividem e mantêm a homeostasia.

Técnicas e tecnologias

A biologia molecular foi revolucionada por um conjunto de técnicas e tecnologias poderosas. A reação em cadeia da polimerase (PCR) permite a amplificação de sequências de ADN específicas, possibilitando o estudo e a manipulação pormenorizados. A eletroforese em gel separa os ácidos nucleicos e as proteínas com base no tamanho e na carga, enquanto as tecnologias de sequenciação descodificam a ordem exacta dos nucleótidos no ADN. A tecnologia de ADN recombinante permite a inserção de genes em organismos, abrindo caminho para a engenharia genética e a biologia sintética.

Aplicações da biologia molecular

As aplicações da biologia molecular são vastas e transformadoras. Na medicina, a biologia molecular conduziu ao desenvolvimento de terapias direcionadas, medicina personalizada e diagnósticos avançados. Na agricultura, facilitou a criação de culturas geneticamente modificadas com caraterísticas melhoradas, como a resistência a pragas e o aumento do rendimento. As aplicações ambientais incluem a utilização de microrganismos para a bioremediação e o desenvolvimento de biocombustíveis.

Desafios e direcções futuras

Apesar dos seus êxitos, a biologia molecular enfrenta numerosos desafios. A compreensão da complexidade da regulação dos genes, da epigenética e das interações entre proteínas exige uma investigação contínua. Também surgem considerações éticas, particularmente com o advento das tecnologias de edição do genoma, como a CRISPR-Cas9. À medida que avançamos, é crucial enfrentar estes desafios de forma ponderada e responsável.

Conclusão

Este livro tem como objetivo proporcionar uma compreensão aprofundada dos princípios fundamentais e dos desenvolvimentos mais avançados da biologia molecular. Ao explorar as intrincadas redes moleculares que regem a vida, esperamos inspirar os leitores a apreciar a beleza e a complexidade dos sistemas biológicos. Quer seja um estudante, investigador ou entusiasta, convidamo-lo a embarcar nesta viagem ao mundo molecular, onde os segredos da vida aguardam ser descobertos.

2. As moléculas da vida numa célula: uma visão geral

As células, as unidades fundamentais da vida, são compostas por um conjunto diversificado de moléculas que desempenham uma miríade de funções necessárias ao crescimento, reprodução e sobrevivência. Estas moléculas podem ser classificadas em quatro classes principais: ácidos nucleicos, proteínas, hidratos de carbono e lípidos. Cada classe de moléculas desempenha um papel distinto na estrutura e função celular, contribuindo para a complexidade e dinamismo dos organismos vivos.

Ácidos nucleicos: a matriz da vida

ADN (ácido desoxirribonucleico)

O ADN é o material hereditário de quase todos os organismos vivos. Transporta instruções genéticas essenciais para o desenvolvimento, funcionamento, crescimento e reprodução de todos os organismos vivos conhecidos e de muitos vírus. As moléculas de ADN são compostas por duas longas cadeias de nucleótidos torcidos numa dupla hélice. Cada nucleótido contém um grupo fosfato, uma molécula de açúcar (desoxirribose) e uma base azotada (adenina, timina, citosina ou guanina). A sequência destas bases codifica a informação genética.

ARN (Ácido Ribonucleico)

O ARN desempenha um papel crucial na tradução do código genético do ADN em proteínas. Existem vários tipos de ARN, cada um com uma função específica:

- **mRNA (RNA mensageiro):** Transporta a informação genética do ADN para o ribossoma, onde serve de modelo para a síntese de proteínas.

. **tRNA (RNA de transferência):** Leva os aminoácidos ao ribossoma durante a síntese proteica.

. **rRNA (Ribosomal RNA):** Um componente dos ribossomas, que são os locais de síntese de proteínas.

Proteínas: Os cavalos de batalha da célula

As proteínas são moléculas grandes e complexas que desempenham muitas funções críticas nas células. São compostas por aminoácidos ligados entre si por ligações peptídicas, formando cadeias polipeptídicas que se dobram em formas tridimensionais específicas. As proteínas podem ser classificadas em vários tipos com base nas suas funções:

Enzimas

As enzimas são catalisadores biológicos que aceleram as reacções químicas na célula sem serem consumidas no processo. São cruciais para processos como o metabolismo, a replicação do ADN e a transdução de sinais.

Proteínas estruturais

Estas proteínas dão suporte e forma às células e aos tecidos. Exemplos incluem o colagénio nos tecidos conjuntivos e a queratina no cabelo e nas unhas.

Proteínas de transporte

As proteínas de transporte movem as moléculas através das membranas celulares ou no interior da célula. A hemoglobina, por exemplo, transporta o oxigénio no sangue.

Proteínas de sinalização

As proteínas de sinalização, como as hormonas e os receptores, estão envolvidas na comunicação dentro e entre as células, permitindo que o organismo responda a alterações no ambiente.

Hidratos de carbono: Os fornecedores de energia

Os hidratos de carbono são moléculas orgânicas constituídas por átomos de carbono, hidrogénio e oxigénio. Servem como fonte primária de energia para as células e desempenham papéis estruturais. Os hidratos de carbono podem ser classificados em três tipos principais:

Monossacáridos

Os monossacáridos são açúcares simples, como a glicose e a frutose, que são os blocos de construção dos hidratos de carbono mais complexos.

Dissacarídeos

Os dissacáridos são compostos por duas moléculas de monossacáridos ligadas entre si. Exemplos comuns incluem a sacarose (açúcar de mesa) e a lactose (açúcar do leite).

Polissacáridos

Os polissacáridos são cadeias longas de unidades monossacáridas. O amido e o glicogénio são polissacáridos de armazenamento nas plantas e nos animais, respetivamente, enquanto a celulose fornece o suporte estrutural das paredes celulares das plantas.

Lípidos: Os reservatórios estruturais e energéticos

Os lípidos são moléculas hidrofóbicas que desempenham diversos papéis nas células, incluindo o armazenamento de energia, a estrutura das membranas e a sinalização. Os principais tipos de lípidos incluem:

Triglicéridos

Os triglicéridos, ou gorduras, são compostos por glicerol e três cadeias de ácidos gordos. São uma das principais formas de armazenamento de energia nos animais.

Fosfolípidos

Os fosfolípidos são componentes essenciais das membranas

celulares. Têm uma cabeça hidrofílica (que atrai a água) e duas caudas hidrofóbicas (que repelem a água), formando uma bicamada que separa a célula do seu ambiente.

Esteróides

Os esteróides, como o colesterol, estão envolvidos na estrutura das membranas e funcionam como moléculas de sinalização. O colesterol é um precursor para a síntese de hormonas esteróides como o estrogénio e a testosterona.

2.1 Ácidos nucleicos: a matriz da vida

Os ácidos nucleicos são as moléculas responsáveis pelo armazenamento e transmissão da informação genética em todos os organismos vivos. Existem dois tipos principais de ácidos nucleicos: o ácido desoxirribonucleico (ADN) e o ácido ribonucleico (ARN). Cada um desempenha um papel único e crítico na função, desenvolvimento e reprodução das células.

Estrutura dos ácidos nucleicos

Os ácidos nucleicos são polímeros constituídos por monómeros chamados nucleótidos. Cada nucleótido é constituído por três componentes:

1. Um grupo fosfato

2. Um açúcar de cinco carbonos (desoxirribose no ADN e ribose no ARN)

3. Uma base azotada

Bases Nitrogenadas

Existem cinco bases azotadas principais divididas em duas categorias:

- **Purinas:** Adenina (A) e Guanina (G)

- **Pirimidinas:** Citosina (C), Timina (T, presente apenas no ADN) e Uracilo (U, presente apenas no ARN)

ADN (ácido desoxirribonucleico)

O ADN é a molécula que contém o plano genético para a síntese de proteínas e a regulação das actividades celulares. A sua estrutura é uma dupla hélice, semelhante a uma escada torcida. As espinhas dorsais de açúcar-fosfato formam os lados da escada, e as bases azotadas emparelhadas formam os degraus. As bases emparelham-se especificamente: adenina com timina (A-T) e citosina com guanina (C-G).

ARN (Ácido Ribonucleico)

O ARN desempenha um papel crucial na conversão da informação genética codificada no ADN em proteínas. Ao contrário do ADN, o ARN é normalmente de cadeia simples. O ARN contém o açúcar ribose e a base uracilo (U) em vez de timina. Existem vários tipos de RNA, cada um com uma função diferente na célula.

Funções dos ácidos nucleicos

ADN: O material genético

1. **Armazenamento de informação genética:** O ADN armazena todas as instruções genéticas necessárias para o desenvolvimento, funcionamento, crescimento e reprodução de um organismo.

2. **Replicação:** O ADN pode replicar-se a si próprio durante a divisão celular, assegurando que cada célula filha recebe uma cópia idêntica da informação genética.

3. **Mutação e evolução:** As alterações na sequência de ADN (mutações) podem conduzir à diversidade genética e à evolução ao longo do tempo.

RNA: O Mensageiro Genético

1. **RNA mensageiro (mRNA):** o mRNA transporta o código genético do DNA no núcleo para os ribossomas no citoplasma, onde é traduzido em proteínas.

2. **ARN de transferência (ARNt):** o ARNt transporta os aminoácidos corretos para o ribossoma durante a síntese proteica, assegurando que a proteína é construída de acordo com a sequência do ARNm.

3. **ARN ribossómico (ARNr):** O ARNr, juntamente com as proteínas, constitui os ribossomas, a maquinaria celular responsável pela síntese de proteínas.

4. **RNAs reguladores:** Os pequenos RNAs, como os microRNAs (miRNAs) e os pequenos RNAs de interferência (siRNAs), estão envolvidos na regulação da expressão genética.

Replicação do ADN

A replicação do ADN é um processo crítico que ocorre durante o ciclo celular para garantir que cada célula filha herda um conjunto completo de informação genética. O processo envolve várias etapas:

1. **Iniciação:** A dupla hélice desenrola-se e as origens de replicação formam-se em locais específicos.

2. **Alongamento:** As enzimas DNA polimerase sintetizam novas cadeias de DNA adicionando nucleótidos complementares às cadeias modelo.

3. **Terminação:** A replicação termina quando toda a molécula de ADN tiver sido copiada.

Transcrição e tradução

Transcrição

A transcrição é o processo pelo qual uma cópia do mRNA é feita a partir de um modelo de DNA. Este processo ocorre no núcleo e envolve as seguintes etapas:

1. **Iniciação:** A RNA polimerase liga-se a uma região promotora no ADN.

2. **Elongação:** A RNA polimerase move-se ao longo do ADN, sintetizando o ARNm através da adição de nucleótidos de ARN complementares.

3. **Terminação:** A transcrição pára quando a RNA polimerase atinge uma sequência de terminação.

Tradução

A tradução é o processo pelo qual o código genético transportado pelo ARNm é descodificado para produzir uma proteína específica. Este processo ocorre no ribossoma e envolve três fases principais:

1. **Início:** O ARNm, o ARNt e o ribossoma juntam-se.

2. **Alongamento:** O ribossoma desloca-se ao longo do ARNm, e as moléculas de ARNt trazem aminoácidos que são adicionados à cadeia polipeptídica em crescimento.

3. **Terminação:** A tradução termina quando o ribossoma atinge um códão de paragem, libertando a proteína completa.

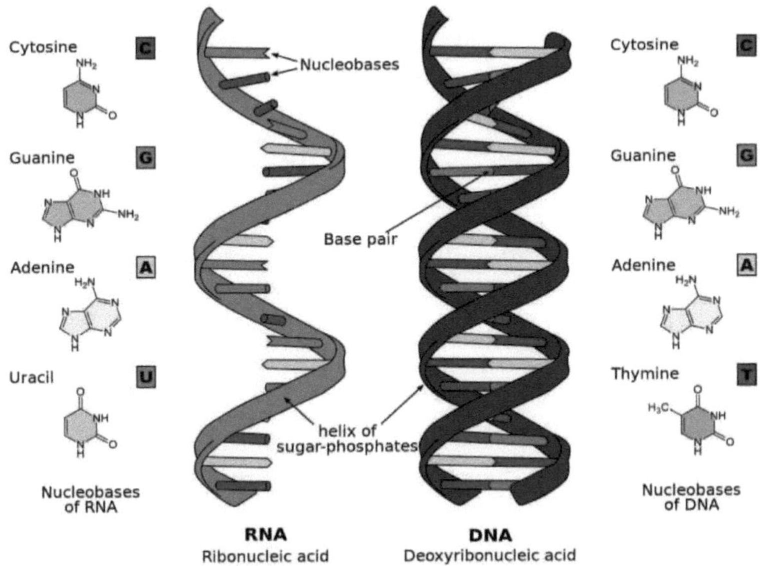

Figura 1. Estruturas e funções dos ácidos nucleicos

2.2 Proteínas: Os cavalos de batalha da célula

As proteínas são macromoléculas essenciais que desempenham uma grande variedade de funções em todos os organismos vivos. Estão envolvidas em praticamente todos os processos celulares, actuando como enzimas, componentes estruturais, moléculas de sinalização e transportadores. Os diversos papéis das proteínas são o resultado das suas estruturas e propriedades únicas, que lhes permitem interagir específica e eficientemente com outras moléculas.

Estrutura das proteínas

As proteínas são compostas por aminoácidos, que são moléculas orgânicas que contêm um grupo amino (-NH2), um grupo carboxilo (-COOH), um átomo de hidrogénio e uma cadeia lateral distinta (grupo R), todos ligados a um átomo de carbono central (carbono alfa). Existem 20 aminoácidos diferentes, cada um com um grupo R único que determina as suas propriedades químicas.

Níveis de estrutura das proteínas

As proteínas têm quatro níveis de organização estrutural:

1. **Estrutura primária:** A sequência linear de aminoácidos numa cadeia polipeptídica, determinada pelo gene que codifica a proteína. Esta sequência determina a estrutura e a função global da proteína.

2. **Estrutura secundária:** Dobragem local da cadeia polipeptídica em estruturas como hélices alfa e folhas beta, estabilizadas por ligações de hidrogénio entre os átomos da espinha dorsal.

3. **Estrutura terciária:** A forma tridimensional global de uma cadeia polipeptídica única, formada por interações entre as cadeias laterais (grupos R) dos aminoácidos. Estas interações incluem ligações de hidrogénio, ligações iónicas, interações hidrofóbicas e pontes de dissulfureto.

4. **Estrutura quaternária:** A disposição de múltiplas cadeias polipeptídicas (subunidades) num complexo proteico funcional. Nem todas as proteínas têm estrutura quaternária, pois algumas consistem apenas numa única cadeia polipeptídica.

Funções das proteínas

As proteínas desempenham uma vasta gama de funções essenciais à vida. Alguns dos principais papéis incluem:

Enzimas

As enzimas são proteínas que actuam como catalisadores biológicos, acelerando as reacções químicas sem serem consumidas no processo. Reduzem a energia de ativação necessária para as reacções, permitindo que os processos celulares ocorram a um ritmo rápido. Exemplos incluem a DNA polimerase (envolvida na replicação do DNA) e a amilase (que decompõe o amido em açúcares).

Proteínas estruturais

As proteínas estruturais dão suporte e forma às células e aos tecidos. O colagénio, a proteína mais abundante nos mamíferos, confere resistência à tração dos tecidos conjuntivos, enquanto a queratina constitui o componente estrutural do cabelo, das unhas e da camada exterior da pele.

Proteínas de transporte

As proteínas de transporte movem as moléculas através das membranas celulares ou no interior da célula. A hemoglobina, por exemplo, transporta o oxigénio no sangue, enquanto os transportadores de membrana, como a bomba de sódio-potássio, ajudam a manter o equilíbrio iónico celular.

Proteínas de sinalização

As proteínas de sinalização, como as hormonas e os receptores, estão envolvidas na comunicação dentro e entre as células. A insulina, uma hormona produzida pelo pâncreas, regula os níveis de glicose no sangue, enquanto os receptores na superfície da célula transmitem sinais do ambiente extracelular para o interior da célula.

Proteínas reguladoras

As proteínas reguladoras controlam a expressão dos genes e os processos celulares. Os factores de transcrição ligam-se a sequências específicas de ADN para regular a transcrição de genes, enquanto as ciclinas e as cinases dependentes de ciclinas regulam o ciclo celular.

Proteínas imunitárias

As proteínas imunitárias, como os anticorpos, desempenham um papel crucial na defesa do organismo contra os agentes patogénicos. Os anticorpos reconhecem e ligam-se a antigénios específicos na superfície dos agentes patogénicos, marcando-os para serem destruídos por outras células imunitárias.

Proteínas motoras

As proteínas motoras estão envolvidas no movimento dentro das células e da própria célula. A miosina interage com os filamentos de actina para produzir a contração muscular, enquanto as cinesinas e as dineínas movem a carga ao longo dos microtúbulos dentro da célula.

Síntese de proteínas

A síntese de proteínas envolve dois processos principais: transcrição e tradução.

Transcrição

Durante a transcrição, o código genético do ADN é copiado para o ARNm no núcleo. A ARN polimerase liga-se à região promotora de um gene e sintetiza o ARNm adicionando nucleótidos de ARN complementares à cadeia de ADN modelo. A molécula de ARNm sai então do núcleo e entra no citoplasma.

Tradução

A tradução ocorre no citoplasma, onde os ribossomas lêem a sequência do ARNm e sintetizam uma cadeia polipeptídica. As moléculas de ARNt trazem aminoácidos específicos para o ribossoma, fazendo corresponder as suas sequências de anticódons aos códons do ARNm. O ribossoma facilita a formação de ligações peptídicas entre os aminoácidos, alongando a cadeia polipeptídica até atingir um códão de paragem.

Dobragem e função das proteínas

Após a síntese, as proteínas devem dobrar-se nas suas formas tridimensionais corretas para se tornarem funcionais. A dobragem correta é crucial, uma vez que as proteínas mal dobradas podem levar a doenças como a doença de Alzheimer e a doença de Parkinson. As chaperonas moleculares ajudam no processo de dobragem, assegurando que as proteínas atingem as suas conformações nativas.

2.3 Hidratos de carbono: Os fornecedores de energia

Os hidratos de carbono são moléculas orgânicas constituídas por átomos de carbono, hidrogénio e oxigénio, geralmente com um átomo de hidrogénio

de átomos na proporção de 2:1, como na água. Servem como fonte primária de energia para as células, desempenham papéis estruturais e estão envolvidos em processos de reconhecimento e sinalização celular. Os hidratos de carbono podem ser classificados em três tipos principais com base na sua complexidade: monossacáridos, dissacáridos e polissacáridos.

Monossacáridos

Os monossacáridos são a forma mais simples de hidratos de carbono, consistindo em moléculas de açúcar simples. São os blocos de construção dos hidratos de carbono mais complexos e têm a fórmula geral $(CH_2 O)D$, em que n é normalmente 3-7.

Monossacáridos comuns

1. **Glicose (C H O_{6126}):** O monossacarídeo mais abundante, servindo como fonte primária de energia para as células.

2. **Frutose (C H O_{6126}):** Encontrada nas frutas e no mel, é o açúcar mais doce que ocorre naturalmente.

3. **Galactose ($C6H1_2$ $O6$):** Menos doce que a glucose e a frutose,

encontra-se no leite e nos produtos lácteos.

Funções dos monossacáridos

- **Produção de energia:** Os monossacáridos são metabolizados na respiração celular para produzir ATP, a moeda energética das células.

- **Blocos de construção:** Servem como monómeros para a síntese de dissacáridos e polissacáridos.

Dissacarídeos

Os dissacáridos são compostos por duas moléculas de monossacáridos ligadas entre si por uma ligação glicosídica. Esta ligação é formada através de uma reação de desidratação, que envolve a remoção de uma molécula de água.

Dissacarídeos comuns

1. **Sacarose (Ci H_{222} On):** Composta por glucose e frutose, é vulgarmente conhecida como açúcar de mesa.

2. **Lactose ($C12H22O11$):** Composta por glucose e galactose, encontra-se no leite e nos produtos lácteos.

3. **Maltose ($C12H22O11$):** Composta por duas moléculas de glucose, é um produto da digestão do amido.

Funções dos dissacáridos

- **Fonte de energia:** Os dissacáridos são decompostos em monossacáridos durante a digestão, fornecendo uma fonte rápida de energia.

- **Transporte:** Nas plantas, a sacarose é a principal forma de hidrato de carbono transportada através do floema.

Polissacáridos

Os polissacáridos são hidratos de carbono complexos compostos por longas cadeias de unidades monossacáridas ligadas por ligações glicosídicas. Podem ser ramificados ou não ramificados e têm várias funções estruturais e de armazenamento.

Polissacáridos de armazenamento

1. **Amido:** A principal forma de armazenamento de glucose nas plantas, consistindo em amilose (não ramificada) e amilopectina (ramificada).

2. **Glicogénio:** A forma de armazenamento da glucose nos animais, altamente ramificada e armazenada nos tecidos do fígado e dos músculos.

Polissacáridos estruturais

1. **Celulose:** Um dos principais componentes das paredes celulares das plantas, fornecendo suporte estrutural. É composta por cadeias não ramificadas de moléculas de glucose ligadas por ligações beta-glicosídicas, o que a torna indigesta para o ser humano.

2. **Quitina:** Encontrada nos exoesqueletos dos artrópodes e nas paredes celulares dos fungos, a quitina fornece força estrutural e rigidez.

Funções dos polissacáridos

- **Armazenamento de energia:** O amido e o glicogénio servem como reservas de energia que podem ser mobilizadas quando necessário.

- **Suporte estrutural:** A celulose e a quitina fornecem integridade estrutural a plantas, fungos e artrópodes.

- **Reconhecimento e sinalização celular:** Alguns polissacáridos, como as glicoproteínas e os glicolípidos, estão envolvidos no reconhecimento celular, na sinalização e nos processos de adesão.

Metabolismo dos hidratos de carbono

Digestão e Absorção

A digestão dos hidratos de carbono começa na boca com a enzima amilase, que decompõe o amido em maltose. No intestino delgado, os dissacáridos são posteriormente decompostos em monossacáridos por enzimas específicas (por exemplo, lactase, sacarase). Os monossacáridos são depois absorvidos na corrente sanguínea através do revestimento intestinal.

Glicólise

A glicólise é a via metabólica que converte a glicose em piruvato, produzindo ATP e NADH no processo. Esta via ocorre no citoplasma e não necessita de oxigénio.

Respiração celular

Na presença de oxigénio, o piruvato entra na mitocôndria e é posteriormente oxidado no ciclo do ácido cítrico e na fosforilação oxidativa, produzindo uma grande quantidade de ATP.

Glicogénese e glicogenólise

- **Glicogénese:** O processo de síntese de glicogénio a partir da glicose para armazenamento nas células do fígado e dos músculos.

- **Glicogenólise:** A decomposição do glicogénio em glucose-1-fosfato, que é convertida em glucose-6-fosfato para produção de energia.

2.4 Lípidos: Os reservatórios estruturais e energéticos

Os lípidos são um grupo diversificado de moléculas hidrofóbicas ou anfipáticas que desempenham papéis cruciais no armazenamento de energia, na estrutura das membranas e na sinalização. Ao contrário dos hidratos de carbono e das proteínas, os lípidos não formam polímeros; em vez disso, são compostos por unidades mais pequenas que se agregam umas às outras.

Tipos de lípidos

Os lípidos podem ser classificados em várias categorias com base na sua estrutura e função:

1. **Triglicéridos (gorduras e óleos)**
2. **Fosfolípidos**
3. **Esteróides**
4. **Ceras**

Triglicéridos

Os triglicéridos são a principal forma de energia armazenada nos animais. São constituídos por uma molécula de glicerol ligada a três cadeias de ácidos gordos. Estes ácidos gordos podem ser saturados ou insaturados:

- **Ácidos gordos saturados:** Não têm ligações duplas entre os átomos de carbono e são normalmente sólidos à temperatura ambiente (por exemplo, manteiga, banha de porco).

- **Ácidos gordos insaturados:** Têm uma ou mais ligações duplas, que criam dobras na cadeia e impedem um empacotamento apertado, tornando-os líquidos à temperatura ambiente (por exemplo, azeite, óleo de peixe).

Funções dos triglicéridos

- **Armazenamento de energia:** Os triglicéridos são uma forma densa de armazenamento de energia, fornecendo mais do dobro da energia por grama do que os hidratos de carbono ou as proteínas.

- **Isolamento e proteção:** Nos animais, os depósitos de gordura sob a pele e à volta dos órgãos proporcionam isolamento térmico e amortecimento.

Fosfolípidos

Os fosfolípidos são componentes essenciais das membranas celulares. São constituídos por uma estrutura de glicerol, duas caudas de ácidos gordos e um grupo fosfato ligado a um grupo de cabeça polar. Esta natureza anfipática (com partes hidrofóbicas e hidrofílicas) permite-lhes formar bicamadas em ambientes aquosos.

Funções dos fosfolípidos

- **Estrutura da membrana:** Os fosfolípidos formam a bicamada lipídica das membranas celulares, constituindo uma barreira que separa o interior da célula do ambiente externo.

- **Fluidez da membrana:** A presença de ácidos gordos insaturados nos fosfolípidos contribui para a fluidez das membranas, permitindo o seu bom funcionamento e flexibilidade.

Esteróides

Os esteróides são lípidos caracterizados por um esqueleto de carbono com quatro anéis fundidos. O colesterol é o esteroide mais conhecido e serve como precursor de outros esteróides, incluindo as hormonas.

Funções dos esteróides

- **Estrutura da membrana:** O colesterol é um componente integral das membranas celulares, contribuindo para a fluidez e estabilidade das membranas.

- **Hormonas:** As hormonas esteróides, como a testosterona, o estrogénio e o cortisol, regulam vários processos fisiológicos, incluindo o metabolismo, a resposta imunitária e as funções reprodutivas.

Ceras

As ceras são ácidos gordos de cadeia longa esterificados em álcoois de cadeia longa. São altamente hidrofóbicos e desempenham papéis protectores tanto nas plantas como nos animais.

Funções das ceras

- **Proteção:** As ceras fornecem um revestimento protetor para folhas, frutos e pele de animais, evitando a perda de água e oferecendo proteção contra os riscos ambientais.

Funções biológicas dos lípidos

Armazenamento de energia e metabolismo

Os lípidos são uma reserva energética crucial, especialmente nos animais. Quando é necessária energia, os triglicéridos são decompostos em glicerol e ácidos gordos através da lipólise. Os ácidos gordos são depois oxidados na mitocôndria através da beta-oxidação para produzir acetil-CoA, que entra no ciclo do ácido cítrico para gerar ATP.

Componentes estruturais

Os fosfolípidos e o colesterol são componentes-chave das membranas celulares. A bicamada lipídica formada pelos fosfolípidos proporciona uma barreira semi-permeável, enquanto o colesterol modula a fluidez e a estabilidade da membrana.

Moléculas de sinalização

Os lípidos também funcionam como moléculas de sinalização. As hormonas esteróides regulam vários processos fisiológicos, enquanto as moléculas derivadas dos lípidos, como os eicosanóides (por exemplo, prostaglandinas, tromboxanos), desempenham um papel na inflamação, na coagulação do sangue e noutras actividades celulares.

Isolamento e proteção

O tecido adiposo, composto principalmente por triglicéridos, proporciona isolamento térmico para manter a temperatura corporal e amortece os órgãos vitais contra choques mecânicos.

Vitaminas solúveis em gordura

Os lípidos são importantes para a absorção e o transporte de vitaminas lipossolúveis (A, D, E e K), que são essenciais para várias funções corporais, incluindo a visão, a saúde óssea, a atividade antioxidante e a coagulação do sangue.

Metabolismo lipídico

Lipogénese

A lipogénese é o processo de síntese de ácidos gordos e triglicéridos a partir de acetil-CoA, que ocorre principalmente no fígado e no tecido adiposo. Este processo é estimulado pela insulina quando a ingestão de energia excede o seu consumo.

Lipólise

A lipólise é a decomposição dos triglicéridos em glicerol e ácidos gordos livres, que podem ser utilizados para a produção de energia. Este processo é estimulado por hormonas como o glucagon e a adrenalina durante os períodos de jejum ou de aumento da procura de energia.

Beta-oxidação

A beta-oxidação é o processo catabólico em que os ácidos gordos são decompostos na mitocôndria para gerar acetil-CoA, NADH e FADH2, que entram no ciclo do ácido cítrico e na cadeia de transporte de electrões para produzir ATP.

3. Síntese e estrutura dos ácidos nucleicos (ADN e ARN)

Os ácidos nucleicos, ADN (ácido desoxirribonucleico) e ARN (ácido ribonucleico), são moléculas essenciais para armazenar e transmitir a informação genética. São compostos por longas cadeias de nucleótidos, que são os blocos de construção dos ácidos nucleicos. Esta secção explora a estrutura e a síntese do ADN e do ARN.

Estrutura dos ácidos nucleicos

Nucleótidos

Os nucleótidos são os monómeros que constituem os ácidos nucleicos. Cada nucleótido é constituído por três componentes:

1. Grupo fosfato: Um ou mais grupos fosfato ligados ao carbono 5' do açúcar.

2. Açúcar pentose: Um açúcar de cinco carbonos, que é a desoxirribose no ADN e a ribose no ARN.

3. Base azotada: Uma base contendo azoto ligada ao carbono 1' do açúcar. As bases dividem-se em purinas (adenina [A] e guanina [G]) e pirimidinas (citosina [C], timina [T] no ADN e uracilo [U] no ARN).

Estrutura do ADN

O ADN é uma hélice de cadeia dupla, com duas cadeias antiparalelas enroladas uma na outra. A espinha dorsal de açúcar-fosfato forma o exterior da hélice, enquanto as bases azotadas se emparelham no interior através de ligações de hidrogénio, formando pares de bases (A-T e C-G).

- Dupla hélice: Os dois filamentos correm em direcções opostas (5' para 3' e 3' para 5').

- Emparelhamento de bases: A adenina emparelha com a timina (A-T) com duas ligações de hidrogénio, e a citosina emparelha com a guanina (C-G) com três ligações de hidrogénio.

- Sulcos maiores e menores: A torção da hélice cria sulcos maiores e menores, que são importantes para a ligação de proteínas.

Estrutura do ARN

O ARN é tipicamente de cadeia simples e pode formar várias estruturas secundárias devido ao emparelhamento intramolecular de bases.

- De cadeia simples: As moléculas de ARN existem normalmente como cadeias simples, mas podem formar regiões de cadeia dupla dobrando-se sobre si próprias.

- Emparelhamento de bases: A adenina emparelha-se com o uracilo (A-U) e a citosina emparelha-se com a guanina (C-G).

- Estruturas secundárias: O ARN pode formar laços, protuberâncias e outras estruturas complexas importantes para a sua função.

Síntese de ácidos nucleicos

Replicação do ADN

A replicação do ADN é o processo pelo qual uma célula copia o seu ADN antes da divisão celular. É um processo altamente regulado e preciso que envolve várias etapas e enzimas chave.

1. Iniciação:

   o Origem da Replicação: A replicação começa em locais específicos chamados origens de replicação.

   o Helicase: Esta enzima desenrola a dupla hélice

quebrando as ligações de hidrogénio entre os pares de bases.

- o Proteínas de Ligação de Fita Simples (SSBs): Estas proteínas estabilizam as cadeias de ADN desenroladas.

- o Primase: Sintetiza um primer curto de ARN complementar ao modelo de ADN.

2. Alongamento:

- o DNA Polimerase: Adiciona nucleótidos à extremidade 3' do iniciador de ARN, sintetizando a nova cadeia de ADN na direção 5' para 3'.

- o Fio condutor: Sintetizada continuamente em direção à forquilha de replicação.

- o Fio de atraso: Sintetizada descontinuamente longe da forquilha de replicação em fragmentos curtos chamados fragmentos Okazaki.

- o DNA Ligase: Une os fragmentos de Okazaki para formar uma cadeia contínua.

3. Cessação:

- o Conclusão da Replicação: A replicação continua até que toda a molécula de DNA seja copiada.

- o Telomerase: Nos eucariotas, esta enzima prolonga os telómeros (extremidades dos cromossomas) para evitar a perda de informação genética.

Transcrição (Síntese de ARN)

A transcrição é o processo pelo qual o ARN é sintetizado a partir de um molde de ADN. Ocorre em três fases principais:

1. Iniciação:

o Promotor: Uma sequência específica de DNA onde a RNA polimerase se liga para iniciar a transcrição.

o RNA Polimerase: Desenrola o ADN e começa a sintetizar o ARN complementar ao modelo de ADN.

2. Alongamento:

o RNA Polimerase: Adiciona ribonucleótidos à extremidade 3' da molécula de ARN em crescimento, sintetizando na direção 5' para 3'.

o Bolha de transcrição: A região do DNA desenrolado onde ocorre a síntese de RNA.

3. Cessação:

o Sinal de terminação: Sequências específicas no DNA sinalizam o fim da transcrição.

o RNA Polimerase: Desprende-se do molde de ADN, libertando a molécula de ARN recém-sintetizada.

Processamento de ARN (em eucariotas)

Antes de se tornarem funcionais, os transcritos primários de ARN (pré ARNm) são submetidos a várias etapas de processamento:

1. Capping: Adição de uma capa 5' ao início da molécula de ARN, que protege o ARN da degradação e ajuda na tradução.

2. Poliadenilação: Adição de uma cauda poli-A à extremidade 3' da molécula de ARN, que estabiliza o ARN e facilita a sua exportação do núcleo.

3. Splicing: Remoção de regiões não codificantes (intrões) do transcrito de ARN e junção de regiões codificantes (exões) para formar ARNm maduro.

3.1 Estrutura e propriedades do ADN

O ADN (ácido desoxirribonucleico) é a molécula que transporta as instruções genéticas utilizadas no crescimento, desenvolvimento, funcionamento e reprodução de todos os organismos vivos conhecidos e de muitos vírus. Aqui, aprofundamos a intrincada estrutura e as propriedades essenciais do ADN.

Estrutura do ADN

Dupla hélice

O ADN está estruturado como uma dupla hélice, que se assemelha a uma escada torcida. Esta estrutura foi descrita pela primeira vez por James Watson e Francis Crick em 1953, com base nos dados de difração de raios X produzidos por Rosalind Franklin e Maurice Wilkins.

1. **Espinha dorsal:** Os lados da escada são formados por grupos alternados de açúcar (desoxirribose) e fosfato, ligados por ligações fosfodiéster.

2. **Degraus:** Os degraus da escada são pares de bases azotadas unidas por ligações de hidrogénio.

Bases Nitrogenadas

Existem quatro tipos de bases azotadas no ADN, que formam pares específicos:

1. **Adenina (A)**

2. **Timina (T)**

3. **Citosina (C)**

4. **Guanina (G)**

Regras de emparelhamento de bases

O emparelhamento de bases é altamente específico, regido por ligações de hidrogénio complementares:

1. **A adenina (A) faz par com a timina (T):** Duas ligações de hidrogénio.

2. **A citosina (C) emparelha-se com a guanina (G):** Três ligações de hidrogénio.

Fios antiparalelos

As duas cadeias de ADN correm em direcções opostas, uma caraterística descrita como antiparalela. Uma das fitas corre na direção 5' para 3', enquanto a outra corre 3' para 5'. Esta orientação é fundamental para os processos de replicação e transcrição do ADN.

Ranhuras maiores e menores

A estrutura helicoidal do ADN cria sulcos maiores e menores ao longo do comprimento da molécula. Estes sulcos são importantes para a ligação de proteínas, incluindo as envolvidas na replicação, transcrição e reparação do ADN.

Propriedades do ADN

Estabilidade

O ADN é altamente estável devido à sua estrutura de dupla hélice, às ligações de hidrogénio entre bases e às interações hidrofóbicas entre bases empilhadas. Esta estabilidade permite que o ADN sirva como um meio de armazenamento a longo prazo para a informação genética.

Desnaturação e renaturação

- **Desnaturação:** O ADN pode ser desnaturado pelo calor ou por agentes químicos, fazendo com que as duas cadeias se separem. Este processo é reversível.

- **Renaturação (recozimento):** As cadeias separadas podem

reassociar-se em condições adequadas, formando novamente a estrutura de dupla hélice.

Replicação

A replicação do ADN é um processo semi-conservativo, o que significa que cada nova molécula de ADN é constituída por uma cadeia original e uma cadeia recém-sintetizada. Este processo envolve várias enzimas, incluindo a DNA helicase, a DNA polimerase e a DNA ligase.

Mutabilidade

O ADN está sujeito a mutações, que são alterações na sequência de nucleótidos. As mutações podem ocorrer devido a erros durante a replicação ou como resultado de factores ambientais, como a radiação UV ou produtos químicos. Enquanto algumas mutações são prejudiciais, outras podem ser benéficas ou neutras, contribuindo para a diversidade genética e a evolução.

Supercoilagem

O ADN pode tornar-se super-coilado, o que significa que se torce sobre si próprio. Esta propriedade ajuda o ADN a adaptar-se aos limites do núcleo de uma célula. Enzimas chamadas topoisomerases regulam o nível de superenrolamento, garantindo que o DNA permaneça funcional e acessível para replicação e transcrição.

Interação com proteínas

O ADN interage com várias proteínas para regular as suas funções. As histonas são proteínas que empacotam e ordenam o ADN em unidades estruturais chamadas nucleossomas, que formam a cromatina. Outras proteínas, como os factores de transcrição e as polimerases, ligam-se a sequências específicas de ADN para controlar a expressão genética.

Código genético

A sequência de nucleótidos no ADN codifica a informação genética. Esta sequência é lida em grupos de três bases, chamados códons, cada um dos quais especifica um determinado aminoácido. O código genético é quase universal em todos os organismos, o que evidencia o seu papel fundamental na biologia.

Epigenética

As modificações químicas do ADN e das proteínas histónicas, como a metilação e a acetilação, podem alterar a expressão genética sem alterar a sequência de ADN subjacente. Estas modificações fazem parte do domínio da epigenética e podem ser influenciadas por factores ambientais e transmitidas às gerações futuras.

A base molecular da replicação do ADN

A replicação do ADN é um processo fundamental que assegura a transmissão exacta da informação genética das células-mãe para as células-filhas durante a divisão celular. É um processo altamente coordenado e preciso que envolve várias enzimas e proteínas chave. Aqui, investigamos a base molecular da replicação do ADN.

Visão geral da replicação do ADN

A replicação do ADN é semi-conservativa, o que significa que cada nova molécula de ADN contém uma cadeia original (parental) e uma cadeia recém-sintetizada (filha). O processo pode ser resumido em várias etapas:

1. **Início:** A replicação do ADN inicia-se em locais específicos da molécula de ADN denominados origens de replicação. Estas regiões são reconhecidas e ligadas por proteínas iniciadoras que desenrolam a dupla hélice, criando uma bolha de replicação.

2. **Desenrolamento da Dupla Hélice:** Enzimas chamadas

helicases desenrolam e separam o DNA de fita dupla em duas fitas simples. Isto cria uma estrutura em forma de Y conhecida como forquilha de replicação, onde a replicação ocorre bidireccionalmente.

3. **Síntese da cadeia principal:** Uma das cadeias simples, conhecida como cadeia principal, é sintetizada continuamente na direção 5' para 3' pela DNA polimerase III. Esta enzima adiciona nucleótidos à cadeia em crescimento utilizando a cadeia de ADN parental como modelo.

4. **Síntese da cadeia retardada:** A outra fita simples, conhecida como fita retardatária, é sintetizada de forma descontínua em segmentos curtos chamados fragmentos de Okazaki. A primase sintetiza primers de RNA na fita mais longa, que são então alongados pela DNA polimerase III.

5. **Processamento de fragmentos de Okazaki:** A DNA polimerase I remove os primers de RNA e os substitui por nucleotídeos de DNA. A DNA ligase sela então os cortes entre os fragmentos Okazaki adjacentes, criando uma cadeia contínua.

6. **Terminação:** A replicação prossegue bidireccionalmente até que toda a molécula de ADN seja replicada. Sequências de terminação especializadas sinalizam o fim da replicação.

Enzimas e Proteínas Envolvidas

Helicase

- **Função:** Desenrola e separa o ADN de cadeia dupla antes da forquilha de replicação.

Proteínas de ligação de filamento único (SSBs)

- **Função:** Ligam-se e estabilizam as cadeias simples desenroladas do ADN para evitar que se formem novamente numa dupla hélice.

Topoisomerases

- **Função:** Aliviar a tensão gerada antes da forquilha de replicação, cortando e voltando a juntar as cadeias de ADN.

Primase

- **Função:** Sintetiza primers curtos de ARN na cadeia de atraso, fornecendo um ponto de partida para a ADN polimerase III.

ADN polimerase III

- **Função:** Sintetiza novas cadeias de ADN através da adição de nucleótidos na direção 5' a 3', utilizando a cadeia de ADN parental como modelo.

ADN polimerase I

- **Função:** Remove os primers de ARN na cadeia de atraso e substitui-os por nucleótidos de ADN. Também participa nos processos de reparação do ADN.

Ligase de ADN

- **Função:** Sela as fendas entre fragmentos Okazaki adjacentes na cadeia de atraso, catalisando a formação de ligações fosfodiéster.

DNA Polimerase II, IV e V

- **Função:** Envolvido nos processos de reparação do ADN e na replicação em resposta a danos no ADN.

Revisão de provas e exatidão

As polimerases do ADN têm capacidades de revisão que garantem uma elevada fidelidade durante a replicação. Podem detetar e corrigir erros no emparelhamento de bases à medida que adicionam nucleótidos à cadeia em crescimento. Este mecanismo de revisão, associado à precisão do emparelhamento de bases, resulta numa taxa de erro de aproximadamente um erro por mil milhões de nucleótidos incorporados.

Regulação da Replicação

O início da replicação do ADN é rigorosamente regulado para garantir que cada divisão celular produza cópias idênticas do material genético. As proteínas reguladoras e os pontos de controlo monitorizam a progressão do ciclo celular e coordenam o momento da replicação do ADN com outros processos celulares.

Conclusão

A replicação do ADN é um processo complexo e rigorosamente regulado que assegura a transmissão fiel da informação genética de uma geração para a seguinte. A maquinaria molecular envolvida, incluindo enzimas como a helicase, a ADN polimerase, a primase e a ADN ligase, trabalham em conjunto para desenrolar, copiar e replicar com precisão a molécula de ADN. A compreensão da base molecular da replicação do ADN é crucial para áreas como a genética, a biologia molecular e a medicina, oferecendo conhecimentos sobre a função celular, doenças genéticas e potenciais alvos terapêuticos.

3.2 Enzimas envolvidas na replicação do ADN

A replicação do ADN envolve uma interação coordenada de várias enzimas e proteínas que trabalham em conjunto para garantir a síntese precisa e eficiente de novas cadeias de ADN. Aqui estão as principais enzimas envolvidas na replicação do DNA:

1. **Helicase:**

    o **Função:** Desenrola a molécula de ADN de cadeia dupla antes da forquilha de replicação. Quebra as ligações de hidrogénio entre pares de bases complementares, permitindo que as cadeias de ADN se separem e expondo modelos de cadeia simples para replicação.

2. **Proteínas de ligação de cadeia simples (SSBs):**

   o **Função:** Ligam-se e estabilizam o ADN de fita simples desenrolado (ssDNA) para evitar que o ADN volte a formar hélices duplas. As SSBs mantêm o ssDNA numa conformação estendida, facilitando a ligação de outras enzimas e proteínas envolvidas na replicação.

3. **Topoisomerases:**

   o **Função:** Aliviar a tensão de torção gerada antes da forquilha de replicação. Fazem-no quebrando e voltando a juntar as cadeias de ADN, permitindo assim que o ADN se desenrole sem ficar demasiado enrolado.

4. **Primase:**

   o **Função:** Sintetiza primers curtos de RNA nos modelos de DNA de fita simples. Estes primers de ARN fornecem um ponto de partida para as polimerases de ADN iniciarem a síntese de ADN.

5. **DNA Polimerase III:**

   o **Função:** Principal enzima replicativa em procariotas. Sintetiza novas cadeias de ADN adicionando nucleótidos à extremidade 3' da cadeia de ADN em crescimento. A DNA polimerase III tem uma elevada capacidade de processamento, o que significa que pode catalisar a adição de múltiplos nucleótidos sem se dissociar da cadeia modelo.

6. **DNA Polimerase I:**

   o **Função:** Remove os primers de ARN e preenche as lacunas com nucleótidos de ADN durante a replicação do ADN em procariotas. Tem também uma atividade de exonuclease 5' a 3' que lhe permite remover os primers de ARN e substituí-los por nucleótidos de ADN.

7. **DNA Ligase:**

o **Função:** Sela as fendas entre os fragmentos de Okazaki na cadeia de atraso durante a replicação do ADN. Catalisa a formação de ligações fosfodiéster entre fragmentos de ADN adjacentes, unindo-os numa cadeia contínua.

8. **DNA Polimerase Alfa:**

o **Função:** Inicia a síntese de ADN em eucariotas. Sintetiza primers de ARN na cadeia mais tardia e está também envolvido em processos de reparação do ADN.

9. **DNA Polimerase Delta e Epsilon:**

o **Função:** Principais enzimas replicativas em eucariotas. A ADN polimerase Delta replica a cadeia mais atrasada, enquanto a ADN polimerase Epsilon está envolvida na replicação da cadeia principal. São enzimas altamente processivas, capazes de sintetizar longos troços de ADN.

10. **DNA Polimerase Beta e Gama:**

o **Função:** Envolvida nos processos de reparação do ADN em eucariotas. A DNA Polimerase Beta participa na reparação por excisão de bases, enquanto a DNA Polimerase Gama se encontra nas mitocôndrias e é responsável pela replicação do DNA mitocondrial.

11. **Telomerase:**

o **Função:** Uma enzima que adiciona sequências repetitivas de nucleótidos (telómeros) às extremidades dos cromossomas para evitar a perda de informação genética durante a replicação do ADN. É especialmente importante nas células eucarióticas, onde ajuda a manter o comprimento e a estabilidade dos cromossomas.

3.3 O processo de replicação do ADN

A replicação do ADN é um processo crucial na divisão celular e envolve várias etapas fundamentais: iniciação, alongamento e terminação.

1. **Iniciação**:

   o A replicação do ADN inicia-se em locais específicos do ADN denominados origens de replicação. Nos eucariotas, estas origens são reconhecidas por proteínas iniciadoras que se ligam ao ADN e recrutam outras proteínas necessárias para a replicação.

   o Na origem, o ADN de cadeia dupla é desenrolado por enzimas helicase, criando uma forquilha de replicação com dois modelos de ADN de cadeia simples.

2. **Alongamento**:

   o Uma vez estabelecida a forquilha de replicação, as enzimas DNA polimerase catalisam a síntese de novas cadeias de DNA. Estas enzimas necessitam de um iniciador (uma sequência curta de ARN complementar ao ADN modelo) para iniciar a síntese.

   o A ADN polimerase III (em procariotas) ou a ADN polimerase Ö e s (em eucariotas) estendem a nova cadeia de ADN adicionando nucleótidos complementares à cadeia modelo na direção 5' para 3'.

   o A síntese da fita principal ocorre continuamente na direção da forquilha de replicação, enquanto a síntese da fita secundária é descontínua, formando fragmentos Okazaki que são posteriormente unidos pela DNA ligase.

3. **Cessação**:

   o A replicação do ADN continua bidireccionalmente até que

toda a molécula de ADN seja replicada. Nos procariotas, a terminação ocorre quando duas forquilhas de replicação se encontram, e o processo é coordenado por proteínas de terminação específicas.

o A replicação do ADN eucariótico é mais complexa e envolve mecanismos adicionais para garantir a replicação exacta e completa dos cromossomas lineares, incluindo a replicação e preservação dos telómeros.

De um modo geral, a replicação do ADN é um processo altamente regulado que assegura a fidelidade genética e é essencial para a transmissão da informação genética de uma geração de células para a seguinte.

3.4 Mutação e reparação do ADN

A mutação e a reparação do ADN são processos críticos que mantêm a integridade da informação genética nas células. Aqui está uma visão geral destes processos:

1. Mutação do ADN:

o Uma mutação é uma alteração na sequência de ADN. Pode ocorrer devido a erros durante a replicação do ADN, à exposição a agentes mutagénicos (como químicos ou radiações) ou a reacções químicas espontâneas no interior da célula.

o Os tipos de mutações incluem:

- **Mutações pontuais**: Alterações num único par de bases nucleotídicas. Exemplos incluem substituições (onde uma base é substituída por outra), inserções (onde bases extras são inseridas), ou deleções (onde bases são removidas).

- **Mutações de frameshift**: Inserções ou deleções de nucleotídeos que mudam o quadro de leitura do código genético, levando a uma sequência de aminoácidos completamente diferente.

2. Mecanismos de reparação do ADN:

- As células desenvolveram vários mecanismos para reparar o ADN danificado e manter a estabilidade genómica. Algumas das principais vias de reparação do ADN incluem:

  - **Reparação de erros de correspondência**: Corrige erros que ocorrem durante a replicação do ADN, tais como erros de correspondência ou pequenas inserções/eliminações.

  - **Reparação por excisão de bases (BER)**: Repara bases danificadas (como as danificadas por oxidação ou alquilação), removendo a base danificada e substituindo-a pela base correta.

  - **Reparação por excisão de nucleótidos (NER)**: Remove lesões volumosas do ADN (como as causadas pela radiação UV) cortando um segmento de ADN danificado e substituindo-o por novos nucleótidos.

  - **Reparação de quebras de cadeia dupla (reparação de DSB)**: Repara quebras em ambas as cadeias da dupla hélice do ADN, que podem ocorrer devido a radiações ionizantes ou outros factores de stress genotóxicos. As principais vias incluem a recombinação homóloga (HR) e a junção de extremidades não homólogas (NHEJ).

3. Importância da reparação do ADN:

- Os mecanismos de reparação do ADN são cruciais para manter a estabilidade do genoma e prevenir mutações que podem levar a doenças genéticas ou ao cancro.

o A não reparação adequada dos danos no ADN pode levar à acumulação de mutações, à instabilidade genómica e à morte ou transformação celular.

Natureza das mutações do ADN: As mutações são alterações aleatórias na sequência de ADN que podem ocorrer durante a replicação do ADN ou devido a factores externos como a radiação ou produtos químicos. Estas alterações modificam a sequência de bases nucleotídicas na cadeia filha em comparação com a cadeia mãe.

Impacto nas proteínas: Mesmo uma única alteração de um par de bases pode levar a alterações na estrutura e na função da proteína codificada por esse gene. Isto pode potencialmente afetar os processos biológicos normais e conduzir a várias condições ou doenças.

Exemplos de doenças genéticas: Muitas doenças hereditárias resultam de mutações num único gene. Exemplos incluem a anemia falciforme, a fibrose cística, a fenilcetonúria (PKU), a doença de Tay-Sachs e o daltonismo, entre outras.

Frequência dos erros: Embora os erros durante a replicação do ADN sejam raros (cerca de 1 em 10 mil milhões de nucleótidos), as incompatibilidades entre a cadeia modelo e os nucleótidos que estão a ser adicionados à cadeia filha são mais comuns (cerca de 1 em 100.000). As enzimas DNA polimerase ajudam a corrigir muitos destes erros durante a replicação.

Mutações e Evolução: As mutações nem sempre são prejudiciais; algumas podem ser neutras ou mesmo benéficas. Caraterísticas como olhos azuis ou resistência a certas doenças podem resultar de mutações vantajosas. O facto de uma mutação ser benéfica ou prejudicial depende em grande parte do ambiente e do seu impacto na sobrevivência e reprodução do organismo.

As bases do ADN podem ser   modificadasBase
danificada

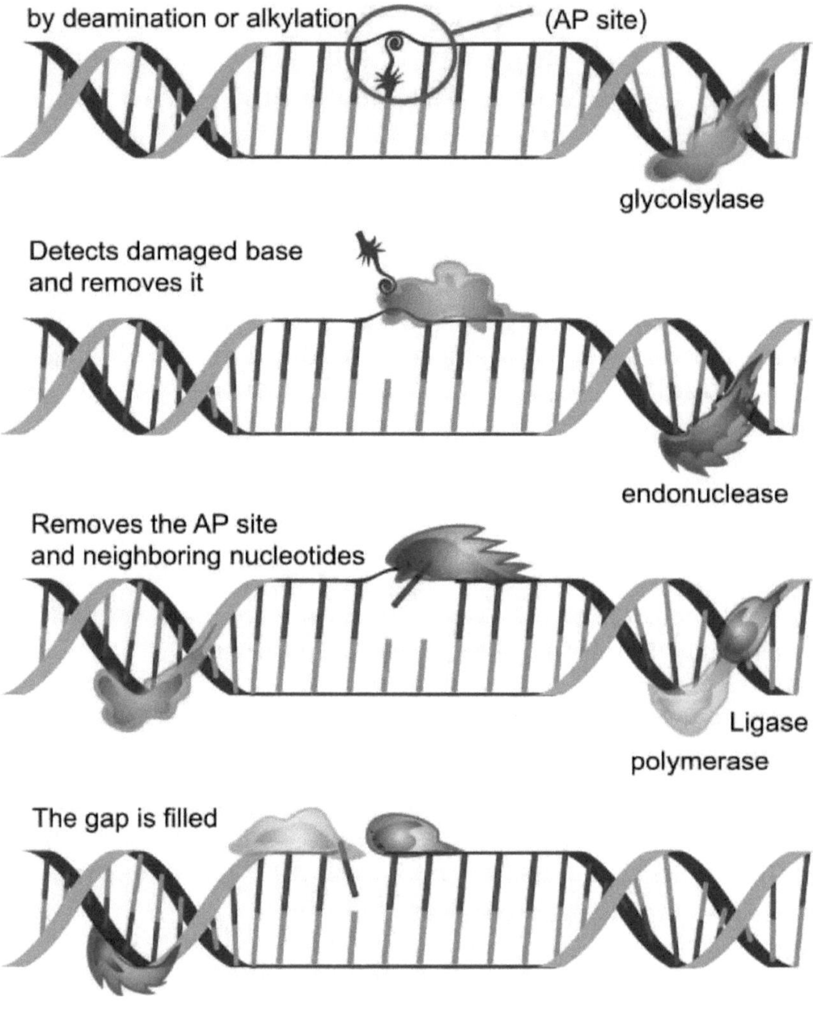

Figura 2: Mutação e reparação do ADN

Tipos de mutações

Sempre que o ADN é replicado ou dividido, existe uma oportunidade de mutação.

As mutações pontuais ocorrem quando há uma alteração química num único par de bases.

Seond letter

First letter	U	C	A	G	Third letter
U	UUU ⎤ Phe / UUC ⎦ / UUA ⎤ Leu / UUG ⎦	UCU ⎤ / UCC / UCA Ser / UCG ⎦	UAU ⎤ Tyr / UAC ⎦ / UAA Stop / UAG Stop	UGU ⎤ Cys / UGC ⎦ / UGA Stop / UGG Trp	U / C / A / G
C	CUU ⎤ / CUC Leu / CUA / CUG ⎦	CCU ⎤ / CCC / CCA Pro / CCG ⎦	CAU ⎤ His / CAC ⎦ / CAA ⎤ Gin / CAG ⎦	CGU ⎤ / CGC / CGA Arg / CGG ⎦	U / C / A / G
A	AUU ⎤ / AUC Ile / AUA ⎦ / AUG Met	ACU ⎤ / ACC / ACA Thr / ACG ⎦	AAU ⎤ Asn / AAC ⎦ / AAA ⎤ Lys / AAG ⎦	AGU ⎤ Ser / AGC ⎦ / AGA ⎤ Arg / AGG ⎦	U / C / A / G
G	GUU ⎤ / GUC / GUA Val / GUG ⎦	GCU ⎤ / GCC / GCA Ala / GCG ⎦	GAU ⎤ Asp / GAC ⎦ / GAA ⎤ Glu / GAG ⎦	GGU ⎤ / GGC / GGA Gly / GGG ⎦	U / C / A / G

As substituições ocorrem quando um nucleótido é substituído por um nucleótido diferente. Uma vez que existe redundância no código genético (múltiplos tripletos de pares de bases podem codificar o mesmo aminoácido, ver tabela à direita), uma substituição de pares de bases pode não afetar o nucleótido que é adicionado à cadeia de ADN. Estas substituições são designadas **mutações silenciosas**. Por exemplo, uma secção de ADN que tenha sofrido uma mutação de tal forma que a sua cadeia de ARNm transcrita seja lida como GUU em vez de GUA, continuaria a codificar o aminoácido valina durante a síntese proteica. A estrutura da molécula de ADN é afetada, mas a estrutura da proteína resultante não é.

Os erros missense ocorrem quando o ADN mutado ainda pode codificar um aminoácido, mas não o aminoácido correto. Se o resto do código genético estiver intacto, o ADN mutado pode ainda produzir uma proteína funcional, embora com uma estrutura e propriedades diferentes.

Os erros sem sentido ocorrem quando o ADN mutado produz um códão de paragem demasiado cedo, terminando a síntese polipeptídica. Normalmente, estas cadeias polipeptídicas encurtadas não se podem dobrar em proteínas funcionais.

As inserções ocorrem quando um nucleótido extra é adicionado à cadeia de ADN. **As deleções** ocorrem quando um nucleotídeo é removido da fita de DNA. Tanto as inserções como as deleções são referidas como **mutações frameshift**, porque todos os nucleótidos a jusante estão agrupados incorretamente.

Mutagénicos

Um **mutagénio** é uma substância física ou química que perturba o ADN, causando uma alteração permanente na sequência de nucleótidos.

A radiação ultravioleta é um **mutagénio físico** comum. Provoca a formação de dímeros de timinas vizinhas, alterando a forma da dupla hélice. As queimaduras solares ocorrem quando se formam demasiados dímeros, que não podem ser reparados, e as células morrem. Por vezes, são introduzidos erros na sequência de nucleótidos na sequência de ADN à medida que o dano é reparado, e um erro pode resultar num crescimento celular descontrolado, levando ao cancro da pele.

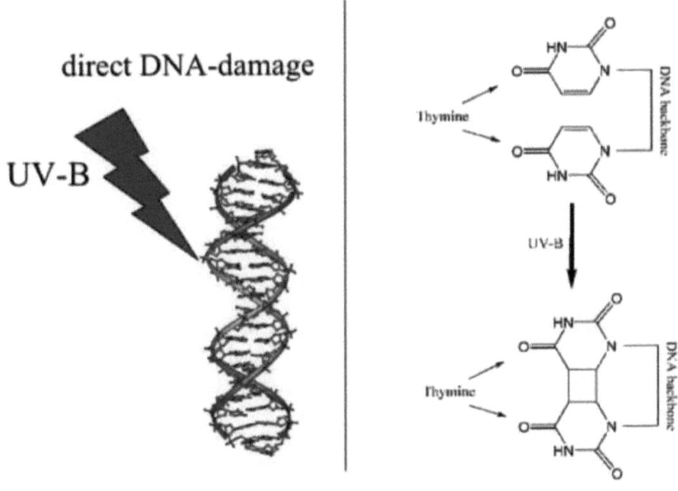

Figura 3. Mutação do ADN, mecanismo de reparação

Métodos de reparação do ADN

Quando se examinam moléculas de ADN completas, os erros na replicação do ADN parecem raros; ocorrem em cerca de 1 em cada 10 mil milhões de nucleótidos copiados. No entanto, os erros entre a cadeia modelo e os nucleótidos simples que estão a ser adicionados à cadeia filha são muito mais comuns: 1 em 100.000. Os nucleótidos não correspondentes que não são detectados pela ADN polimerase ou por essas enzimas especiais num processo correto resultam de danos após a cadeia ter sido sintetizada, denominado **reparação de erros de correspondência**. **A reparação por excisão de nucleótidos** tira partido do emparelhamento de bases do ADN para corrigir segmentos problemáticos. A secção danificada é removida pela enzima *nuclease,* e as enzimas polimerase e ligase, seguindo o modelo da cadeia não danificada, preenchem os espaços vazios.

4. Tipos e estrutura dos RNAs

O ARN (ácido ribonucleico) é uma molécula versátil, crucial para vários processos biológicos, incluindo a síntese de proteínas, a regulação dos genes e a comunicação celular. Aqui estão os principais tipos de ARN e as suas estruturas:

1. **RNA mensageiro (mRNA)**:

   - **Função**: Transporta a informação genética do ADN para o ribossoma, onde serve de modelo para a síntese de proteínas.

   - **Estrutura**: Molécula de cadeia simples transcrita a partir do ADN. Contém sequências codificantes (exões) intercaladas com sequências não codificantes (intrões nos eucariotas, ausentes nos procariotas).

2. **RNA de transferência (tRNA)**:

   - **Função**: Transfere aminoácidos específicos para o ribossoma durante a síntese proteica.

   - **Estrutura**: Molécula em forma de folha de trevo com estruturas secundárias estabilizadas pelo emparelhamento de bases entre regiões complementares. Contém um loop anticódão que reconhece e emparelha com os códões do ARNm e uma haste aceitadora de aminoácidos onde o aminoácido específico se liga.

3. **RNA ribossómico (rRNA)**:

   - **Função**: Componente estrutural e catalítico do ribossoma, onde ocorre a síntese proteica.

   - **Estrutura**: Forma a estrutura central do ribossoma juntamente com as proteínas. Normalmente é maior e mais complexo do que o ARNm ou ARNt. Existe em duas subunidades (pequena e grande) em procariotas e eucariotas.

4. **MicroRNA (miRNA)** e **pequeno RNA de interferência (siRNA)**:

- o **Função**: Regulam a expressão génica através da seleção de ARNm para degradação ou inibição da tradução.

- o **Estrutura**: Moléculas curtas de ARN (cerca de 21-25 nucleótidos de comprimento) que formam estruturas de cadeia dupla. Os miRNAs são processados a partir de transcrições mais longas, enquanto os siRNAs são tipicamente derivados de ARN de cadeia dupla.

5. **RNA longo não-codificante (lncRNA)**:

- o **Função**: Regulam a expressão genética a vários níveis, incluindo a modificação da cromatina, a transcrição e o processamento pós-transcricional.

- o **Estrutura**: Estruturas diversas, geralmente com mais de 200 nucleótidos. Podem interagir com o ADN, o ARN e as proteínas para exercer funções reguladoras.

6. **RNA nuclear pequeno (snRNA)**:

- o **Função**: Envolvido no splicing do pré-mRNA durante o processamento do RNA no núcleo.

- o **Estrutura**: Pequenas moléculas de ARN (cerca de 150 nucleótidos) que formam complexos com proteínas para formar pequenas ribonucleoproteínas nucleares (snRNPs). Estes complexos reconhecem os locais de emenda e catalisam as reacções de emenda.

7. **Outros RNAs reguladores**:

- o **Função**: Incluem moléculas de ARN envolvidas numa

variedade de funções reguladoras, tais como edição de ARN, interferência de ARN (RNAi) e regulação epigenética.

o **Estrutura**: Estruturas variáveis em função da sua função específica, desde pequenos ARN de cadeia dupla até grandes ARN de cadeia simples com estruturas secundárias complexas.

4.1 O processo de transcrição

A transcrição é o processo pelo qual o ARN é sintetizado a partir de um modelo de ADN. É um passo fundamental na expressão do gene e envolve várias fases chave:

1. **Iniciação**:

   o A transcrição começa quando a RNA polimerase se liga a uma região específica do ADN chamada promotor, que assinala o início de um gene.

   o Nos procariotas, a RNA polimerase liga-se diretamente à região promotora. Nos eucariotas, o processo envolve factores de transcrição adicionais que ajudam a RNA polimerase II a ligar-se ao promotor.

2. **Alongamento**:

   o Uma vez que a RNA polimerase está ligada ao promotor, ela desenrola a dupla hélice do DNA, expondo um modelo de fita simples.

   o A RNA polimerase sintetiza o RNA na direção 5' a 3' adicionando ribonucleótidos complementares (A, U, C, G) à cadeia de RNA em crescimento, com base no modelo de ADN.

   o À medida que a RNA polimerase se move ao longo do molde de ADN, a dupla hélice de ADN forma-se atrás dela.

3. **Cessação**:

   o A transcrição termina quando a RNA polimerase atinge uma sequência de terminação no ADN.

   o Nos procariotas, a terminação pode ocorrer através de dois mecanismos principais: a terminação dependente de rho, que requer uma proteína rho para dissociar a RNA polimerase do ADN, e a terminação independente de rho, em que sequências específicas no transcrito de ARN formam uma estrutura em gancho que faz com que a RNA polimerase se dissocie do ADN. o A terminação da transcrição eucariótica envolve sinais de poliadenilação e proteínas que clivam o transcrito de ARN e libertam a RNA polimerase.

4. **Processamento pós-transcricional**:

   o Nos eucariotas, o ARN recém-sintetizado sofre várias modificações antes de se tornar num ARNm maduro. Isto inclui a adição de uma capa 5' (um nucleótido de guanina modificado) e uma cauda poli-A (uma cadeia de nucleótidos de adenina) na extremidade 3'.

   o Os intrões (regiões não codificantes) são retirados da molécula de pré-RNAm, deixando apenas os exões (regiões codificantes) para formar o RNAm maduro.

4.2 Enzimas envolvidas na transcrição

A transcrição envolve várias enzimas chave que desempenham papéis críticos na síntese de ARN a partir de um modelo de ADN. Aqui estão as principais enzimas envolvidas na transcrição:

1. **RNA Polimerase**:

   o **Função**: A RNA polimerase catalisa a síntese de RNA

usando um molde de DNA.

- o **Tipos**:

  - **RNA Polimerase I**: Encontrada em eucariotas, sintetiza a maioria dos transcritos de rRNA.

  - **RNA Polimerase II**: Também presente em eucariotas, sintetiza mRNA e alguns pequenos RNAs nucleares (snRNAs).

  - **RNA Polimerase III**: Presente em eucariotas, sintetiza tRNA, alguns rRNAs e outros pequenos RNAs.

  - **RNA Polimerase IV e V**: Encontrada em plantas e envolvida na síntese de siRNAs e outros RNAs não-codificantes.

2. **Factores de transcrição gerais**:

   - **Função**: Proteínas que ajudam a RNA polimerase a reconhecer os promotores e iniciar a transcrição.

   - **Exemplos**: Nos eucariotas, os factores de transcrição gerais incluem TFIIA, TFIIB, TFIID, TFIIE, TFIIF e TFIIH, que se reúnem coletivamente na região promotora para facilitar a ligação da RNA polimerase e o início da transcrição.

3. **Factores de transcrição específicos**:

   - **Função**: Regulam a transcrição ligando-se a sequências potenciadoras ou silenciadoras no ADN e interagindo com a RNA polimerase e com factores de transcrição gerais.

   - **Exemplos**: Factores de transcrição, tais como activadores e repressores, que se ligam a sequências específicas de ADN e modulam a expressão genética.

4. **Complexo de Mediadores**:

   - o **Função**: Actua como uma ponte entre factores de transcrição específicos ligados a regiões potenciadoras e a RNA polimerase II no promotor, facilitando a comunicação entre elementos reguladores e a maquinaria de transcrição.

5. **Coactivadores e Corepressores**:

   - o **Função**: Proteínas que interagem com factores de transcrição e complexos de RNA polimerase para aumentar (coactivadores) ou inibir (corepressores) a transcrição.

6. **Enzimas modificadoras da cromatina**:

   - o **Função**: Modificam a estrutura da cromatina (por exemplo, histona acetiltransferases, histona desacetilases) para regular o acesso dos factores de transcrição e da RNA polimerase ao ADN.

7. **Factores de alongamento da transcrição**:

   - o **Função**: Auxiliar a RNA polimerase durante a fase de alongamento da transcrição, ajudando a ultrapassar obstáculos e a manter a processividade.

Estas enzimas e factores trabalham em conjunto e de forma coordenada para assegurar a transcrição exacta e regulada dos genes em moléculas de ARN, que posteriormente são processadas e traduzidas para produzir proteínas funcionais dentro da célula.

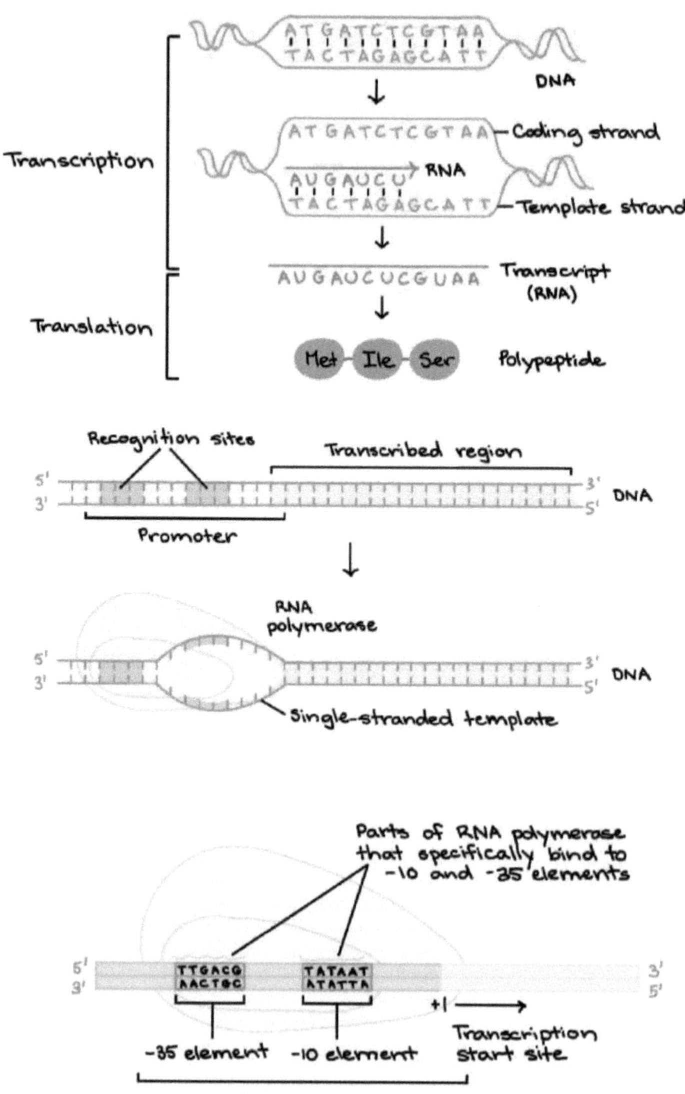

Figura 4. Transcrição e tipos de enzimas

4.3 Modificações pós-transcricionais

As modificações pós-transcricionais referem-se às modificações bioquímicas que ocorrem nas moléculas de ARN após a transcrição, mas antes de se tornarem moléculas de ARN maduras e funcionais. Estas modificações são cruciais para regular a expressão genética, estabilizar o ARN e aumentar a diversidade de proteínas que podem ser sintetizadas a partir do genoma. Aqui estão algumas das principais modificações pós-transcricionais:

1. **5' Tampa**:

   o **Função**: Adição de uma capa de 7-metilguanosina à extremidade 5' das transcrições de mRNA.

   o **Objetivo**: Protege o ARNm da degradação, aumenta a eficiência da tradução e facilita a exportação do ARNm do núcleo para o citoplasma.

   o **Processo**: O cap é adicionado co-transcricionalmente por enzimas de capping.

2. **3' Poliadenilação**:

   o **Função**: Adição de uma cauda poli(A) (um trecho de nucleótidos de adenina) à extremidade 3' das transcrições de ARNm.

   o **Objetivo**: Estabiliza o ARNm, aumenta a eficiência da tradução e regula a exportação e a renovação do ARNm.

   o **Processo**: Clivagem do pré-RNAm numa sequência de sinal de poliadenilação seguida da adição da cauda poli(A) pela poli(A) polimerase.

3. **Splicing de ARN**:

   o **Função**: Remoção de intrões (sequências não codificantes) e junção de exões (sequências codificantes) para gerar um transcrito de ARNm maduro.

o **Objetivo**: Assegurar que o ARNm codifica a sequência de proteínas correta e aumentar a diversidade de proteínas através de splicing alternativo.

o **Processo**: Catalisado pelo spliceossoma, um complexo de proteínas e pequenos RNAs nucleares (snRNAs), que reconhecem locais de emenda nos limites do exon-intron.

4. **Edição de ARN**:

o **Função**: Alteração das sequências de nucleótidos nos transcritos de ARN, incluindo substituições, inserções ou supressões.

o **Objetivo**: Pode gerar diversidade de ARN e proteínas ou corrigir erros na transcrição primária de ARN.

o **Tipos**: Inclui a edição de adenosina para a ossina (A para I) catalisada pelas enzimas ADAR e a edição de citosina para o auracil (C para U) catalisada pelas enzimas APOBEC.

5. **Modificação do ARN**:

o **Função**: Modificações químicas de bases nucleotídicas ou açúcares nas moléculas de ARN.

o **Objetivo**: Afecta a estabilidade, a estrutura e a função das moléculas de ARN, influenciando as interações ARN-proteínas e a eficiência da tradução.

o **Exemplos**: Metilação de bases de adenina ou citosina, pseudouridilação de bases de uracilo e modificações de açúcares de ribose.

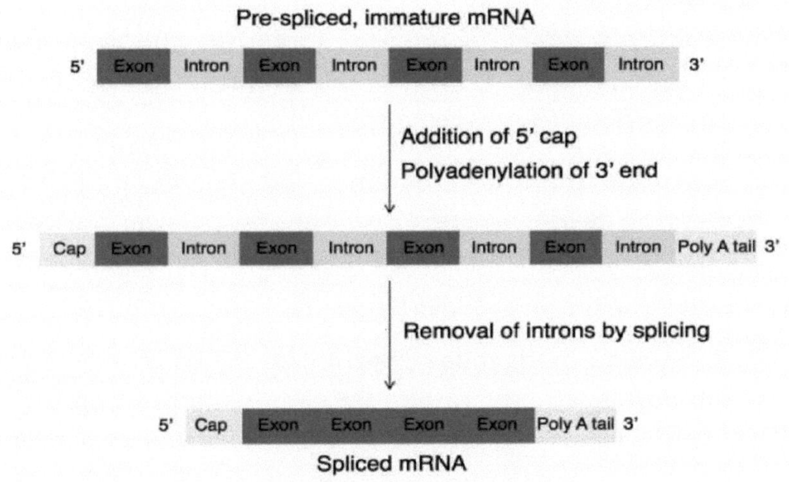

Figura 5. Processo de pós-transcrição

4.4. Síntese de proteínas (tradução)

A síntese proteica, também conhecida como tradução, é o processo pelo qual as moléculas de ARNm são descodificadas pelos ribossomas para produzir proteínas. Envolve vários passos chave e componentes moleculares:

1. **Iniciação**:

   o **Factores de iniciação**: Envolve factores de iniciação que montam o ribossoma com o ARNm e o ARNt iniciador (que transporta metionina).

   o **Códon de início**: O ribossoma liga-se ao ARNm no códão de início (AUG) com a ajuda de factores de iniciação.

   o **Formação do Complexo de Iniciação**: O tRNA iniciador faz o emparelhamento de bases com o códon de início no mRNA, posicionando o ribossomo para iniciar a tradução.

2. **Alongamento**:

- **Factores de alongamento**: Proteínas que facilitam a adição passo a passo de aminoácidos à cadeia polipeptídica em crescimento.

- **Reconhecimento de códons**: Cada códon de ARNm no sítio A do ribossoma é reconhecido por um anticódon complementar num ARNt de entrada que transporta o aminoácido correspondente.

- **Formação de ligações peptídicas**: O ribossoma catalisa a formação de uma ligação peptídica entre os aminoácidos contidos pelos ARNt no local A e no local P.

- **Translocação**: O ribossoma move-se ao longo do ARNm na direção 5' para 3', deslocando os ARNt do sítio A para o sítio P e ejectando o ARNt gasto do sítio E, pronto para o ciclo seguinte.

3. **Cessação**:

- **Reconhecimento do códão de paragem**: Quando um códão de paragem (UAA, UAG ou UGA) é atingido no ARNm, não codifica qualquer aminoácido mas assinala a terminação.

- **Fator de libertação**: Uma proteína de fator de libertação liga-se ao códão de paragem, fazendo com que o ribossoma liberte a cadeia polipeptídica recém-sintetizada.

- **Desmontagem**: O ribossoma e o ARNm dissociam-se, e o polipéptido é submetido a dobragem e processamento adicionais para se tornar uma proteína funcional.

4.5 O processo de tradução

Com certeza! Aqui está uma visão detalhada do processo de

tradução, que é a síntese de proteínas a partir de modelos de ARNm:

1. Iniciação

- **Factores de iniciação**: Proteínas especializadas ajudam a montar os componentes necessários para iniciar a tradução.

- **Ligação do ribossoma**: A pequena subunidade ribossómica liga-se ao ARNm no códão de início (normalmente AUG) com a ajuda de factores de iniciação.

- **ARNt iniciador**: O ARNt iniciador, que contém metionina (Met), liga-se ao códão de arranque no ARNm.

2. Alongamento

- **Factores de alongamento**: As proteínas ajudam na adição sequencial de aminoácidos à cadeia polipeptídica em crescimento.

- **Reconhecimento de códons**: Cada códon de mRNA no sítio A do ribossomo é reconhecido por um anticódon complementar em um tRNA de entrada.

- **Formação de ligações peptídicas**: Forma-se uma ligação peptídica entre o aminoácido no ARNt no local A e a cadeia polipeptídica em crescimento no ARNt no local P.

- **Translocação**: O ribossoma move-se ao longo do ARNm na direção 5' para 3', deslocando os ARNt do local A para o local P e do local P para o local E (local de saída). Este processo expõe o próximo códon no sítio A para a próxima ronda de alongamento.

3. Rescisão

- **Reconhecimento do códão de paragem**: Quando um codão de paragem (UAA, UAG ou UGA) é atingido no ARNm, não codifica qualquer aminoácido mas assinala a terminação.

- **Fator de libertação**: Uma proteína de fator de libertação liga-se ao códão de paragem no sítio A, fazendo com que o ribossoma liberte a cadeia polipeptídica recém-sintetizada.

- **Desmontagem**: O ribossoma e o ARNm dissociam-se, e o polipéptido é submetido a dobragem e processamento adicionais para se tornar uma proteína funcional.

Considerações adicionais

- **Chaperonas e dobragem de proteínas**: As proteínas chaperonas ajudam na dobragem do polipéptido recém-sintetizado na sua estrutura tridimensional correta.

- **Modificações Pós-Translacionais**: Algumas proteínas sofrem modificações após a tradução, como a clivagem de sequências de sinalização ou a adição de grupos químicos (por exemplo, fosforilação, glicosilação).

- **Reciclagem dos ribossomas**: Após a terminação, os ribossomas dissociam-se do ARNm e podem ser reutilizados para novas rondas de tradução.

Este processo assegura que a informação genética codificada no ARNm é traduzida com precisão em proteínas funcionais, que desempenham papéis essenciais na estrutura, função e regulação celulares.

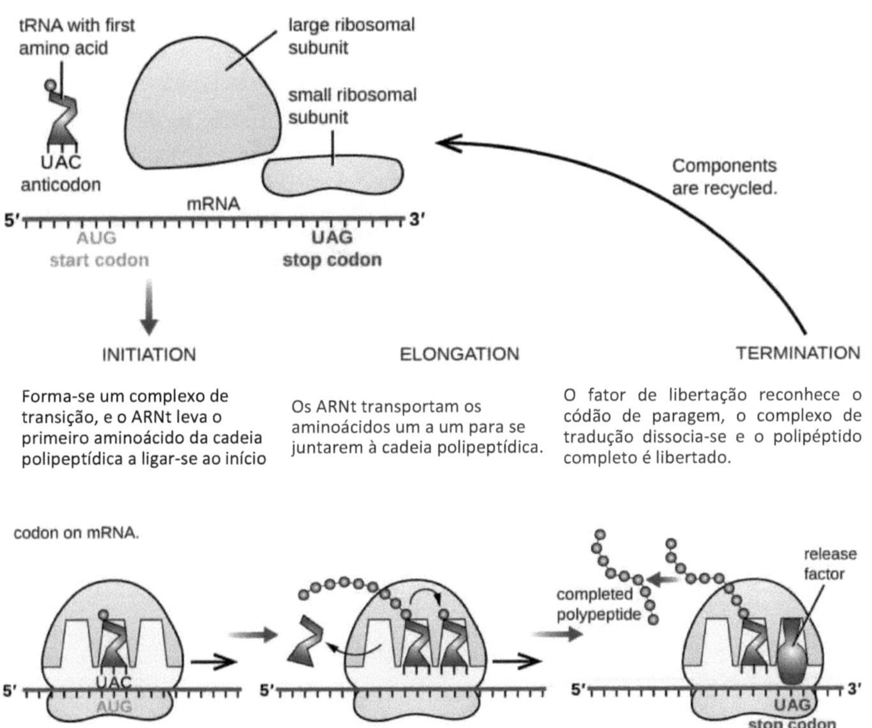

Figura 6. Tradução

4.6 Modificações pós-traducionais

As modificações pós-traducionais (PTMs) referem-se às modificações covalentes que ocorrem nas proteínas depois de estas terem sido sintetizadas durante a tradução. Estas modificações desempenham um papel crucial na regulação da estrutura, função, localização e interação das proteínas com outras moléculas. Aqui estão alguns tipos comuns de modificações pós-tradução:

1. **Fosforilação**:

    o **Modificação**: Adição de um grupo fosfato (PO_4^{3-}) a resíduos de serina, treonina ou tirosina.

o **Catalisado por**: Proteínas cinases.

o **Função**: Regula a atividade enzimática, as interações proteína-proteína, as vias de sinalização celular e a expressão genética.

2. **Glicosilação**:

o **Modificação**: Adição de cadeias de oligossacáridos (glicanos) a resíduos de serina, treonina ou asparagina.

o **Tipos**:

- **Glicosilação ligada a N**: Ocorre em resíduos de asparagina dentro da sequência de consenso N-X-S/T (X # prolina).

- **Glicosilação ligada a O**: Ocorre em resíduos de serina ou treonina.

o **Função**: Afecta a estabilidade das proteínas, a sua dobragem, o reconhecimento célula-célula e as respostas imunitárias.

3. **Acetilação**:

o **Modificação**: Adição de um grupo acetil (CH_3 CO-) aos resíduos de lisina.

o **Catalisado por**: Acetiltransferases.

o **Função**: Regula as interações proteína-proteína, a ligação ao ADN, a estabilidade das proteínas e a expressão genética.

4. **Metilação**:

o **Modificação**: Adição de um grupo metilo (CH_3-) a resíduos de lisina ou arginina.

o **Catalisado por**: Metiltransferases.

o **Função**: Pode regular as interações proteína-proteína, a expressão genética, a estrutura da cromatina e a transdução de sinais.

5. **Ubiquitinação**:

o **Modificação**: Ligação da ubiquitina (uma pequena proteína) a resíduos de lisina.

o **Catalisado por**: Ubiquitina ligases.

o **Função**: Marca as proteínas para degradação pelo proteassoma, regula o tráfico de proteínas e modifica a função das proteínas.

6. **Sumoylation**:

o **Modificação**: Ligação de pequenas proteínas modificadoras do tipo ubiquitina (SUMO) a resíduos de lisina.

o **Catalisado por**: SUMO ligases.

o **Função**: Regula a localização, estabilidade e interações de proteínas, especialmente em proteínas nucleares envolvidas na regulação da transcrição.

7. **Clivagem proteolítica**:

o **Modificação**: Clivagem enzimática de ligações peptídicas dentro da proteína.

o **Catalisado por**: Proteases.

o **Função**: Gera fragmentos de proteínas activas, regula a atividade das proteínas e elimina as proteínas danificadas ou mal dobradas.

8. **Prenilação**:

o **Modificação**: Adição de grupos lipídicos (farnesil ou

geranilgeranil) a resíduos de cisteína perto do terminal C das proteínas.

o **Catalisado por**: Preniltransferases.

o **Função**: Direciona as proteínas para as membranas celulares, regula as interações proteína-proteína e afeta a localização e a sinalização das proteínas.

4.7 Estrutura e tipos de proteínas (em termos de função)

As proteínas são moléculas fundamentais em biologia que desempenham uma vasta gama de funções essenciais para a estrutura, regulação e metabolismo das células. São compostas por cadeias de aminoácidos dobradas em estruturas tridimensionais específicas, que determinam a sua função. As proteínas podem ser classificadas em termos gerais com base nos seus papéis estruturais e funcionais:

1. Proteínas estruturais

- **Colagénio**:

    o **Função**: Fornece suporte estrutural aos tecidos, tendões, pele e ossos.

    o **Estrutura**: Consiste em três cadeias polipeptídicas entrelaçadas numa tripla hélice.

- **Actina e Tubulina**:

    o **Função**: Formam estruturas de citoesqueleto envolvidas na forma, movimento e transporte intracelular das células.

    o **Estrutura**: A actina forma microfilamentos; a tubulina forma microtúbulos.

- **Queratina**:

    o **Função**: Fornece integridade estrutural ao cabelo, às

unhas e à camada exterior da pele.

- o **Estrutura**: Forma filamentos intermédios com uma estrutura em espiral.

2. Enzimas

- **Função**: Catalisar reacções bioquímicas através da redução da energia de ativação.

- **Exemplos**:

  - o **Lactase**: digere a lactose em glucose e galactose.

  - o **Amilase**: hidrolisa o amido em açúcares.

  - o **DNA polimerase**: Catalisa a replicação do ADN.

3. Hormonas

- **Função**: Actuam como moléculas de sinalização que regulam os processos fisiológicos.

- **Exemplos**:

  - o **Insulina**: Regula os níveis de glucose no sangue.

  - o **Hormona de crescimento**: estimula o crescimento e as células

    reprodução.

4. Anticorpos (Imunoglobulinas)

- **Função**: Ligam-se a antigénios específicos e ajudam a neutralizar os agentes patogénicos.

- **Estrutura**: Moléculas em forma de Y compostas por duas cadeias pesadas e duas cadeias leves.

5. Proteínas de transporte

- **Função**: Facilitar o movimento das moléculas através das membranas ou em todo o corpo.

- **Exemplos**:

  - ○ **Hemoglobina**: transporta o oxigénio nos glóbulos vermelhos.

  - ○ **Canais iónicos**: Facilitam a passagem de iões através das membranas celulares.

6. Proteínas de receptores

- **Função**: Ligam-se a moléculas específicas (ligandos) e iniciam respostas celulares.

- **Exemplos**:

  - ○ **Receptores acoplados à proteína G (GPCRs)**: Ligam-se a hormonas e neurotransmissores para ativar as vias de sinalização intracelular.

  - ○ **Receptores de tirosina quinase**: Activam as proteínas cinases em resposta a factores de crescimento.

7. Proteínas estruturais

- **Função**: Fornecer suporte estrutural para células e tecidos.

- **Exemplos**:

  - ○ **Colagénio**: Forma os tecidos conjuntivos e proporciona resistência à tração.

  - ○ **Actina e miosina**: Proteínas contrácteis das células musculares.

8. Proteínas de armazenamento

- **Função**: Armazenar aminoácidos ou iões metálicos para utilização futura.

- **Exemplos**:

  - ○ **Ferritina**: armazena ferro no fígado e no baço.

  - ○ **Caseína**: Armazena aminoácidos no leite.

9. Proteínas de defesa

- **Função**: Proteger contra agentes patogénicos e outras moléculas estranhas.

- **Exemplos**:

  - ○ **Anticorpos**: Ligam-se a antigénios e neutralizam-nos.

  - ○ **Defensinas**: Péptidos antimicrobianos que matam bactérias e fungos.

10. Proteínas reguladoras

- **Função**: Controlo da expressão genética e dos processos celulares.

- **Exemplos**:

  - ○ **Factores de transcrição**: Ligam-se ao ADN e regulam a transcrição de genes específicos.

  - ○ **Ciclinas**: Regulam a progressão do ciclo celular.

5. Regulação da expressão génica

A regulação da expressão génica refere-se aos processos que controlam a quantidade e o momento da transcrição e tradução dos genes em resposta a estímulos internos e externos. Esta regulação é crucial para manter as funções celulares, responder a alterações ambientais e assegurar o desenvolvimento e diferenciação adequados das células. Eis os principais mecanismos envolvidos na regulação da expressão génica:

1. Regulação da transcrição

- **Promotores e potenciadores**: Sequências de DNA que recrutam factores de transcrição e RNA polimerase para iniciar a transcrição. Os potenciadores podem estar distantes do promotor, mas ainda assim influenciam a transcrição.

- **Factores de transcrição**: Proteínas que se ligam a sequências específicas de ADN (elementos cis-reguladores) perto das regiões promotoras ou potenciadoras dos genes para ativar ou reprimir a transcrição.

- **Coactivadores e Corepressores**: Proteínas que interagem com factores de transcrição para aumentar ou inibir a sua atividade, respetivamente.

- **Modificações epigenéticas**: Modificações químicas no ADN (metilação) ou nas proteínas das histonas (acetilação, metilação) que influenciam a estrutura da cromatina e a acessibilidade do ADN à maquinaria de transcrição.

2. Regulação pós-transcricional

- **Processamento de mRNA**: O splicing alternativo dos transcritos de pré-mRNA pode produzir múltiplas isoformas de mRNA com diferentes sequências codificadoras de proteínas.

- **Estabilidade do mRNA**: A ligação de proteínas de ligação ao ARN e de ARN não codificantes (por exemplo, micro ARN) ao ARNm pode estabilizar ou promover a degradação das moléculas de ARNm.

3. Regulamento de Tradução

- **Factores de iniciação**: Proteínas que controlam a montagem do complexo ribossoma-RNAm e o início da tradução.

- **Proteínas reguladoras**: ligam-se a sequências ou estruturas específicas no ARNm (por exemplo, quadros de leitura abertos a montante) para regular a eficiência da tradução.

- **Modificações do ARN**: As modificações pós-transcricionais, como a metilação e a pseudouridilação, podem afetar a estabilidade do ARNm e a eficiência da tradução.

4. Regulação Pós-Translacional

- **Modificações das proteínas**: A fosforilação, a glicosilação, a acetilação e a ubiquitinação podem alterar a estabilidade, a localização e a atividade das proteínas.

- **Degradação de proteínas**: O sistema ubiquitina-proteassoma e as vias de degradação lisossómica regulam a renovação das proteínas nas células.

5. Loops de feedback e feedforward

- **Regulação por retroação**: Os produtos da expressão genética (proteínas ou ARNs) podem inibir ou aumentar a transcrição ou tradução dos seus próprios genes.

- **Regulação feedforward**: Os sinais externos activam vias reguladoras que induzem alterações na expressão genética antes de ser necessária uma resposta completa.

6. Sinais ambientais e de desenvolvimento

- **Factores ambientais**: A disponibilidade de nutrientes, a temperatura, o pH e os sinais de stress podem regular a expressão genética para adaptar as respostas celulares.

- **Sinais de desenvolvimento**: As hormonas, os factores de crescimento e as moléculas de sinalização orquestram as alterações da expressão genética durante o desenvolvimento e a diferenciação.

7. Regulação específica da célula e do tecido

- **Especificidade do tipo celular**: Expressão diferencial de genes em diferentes tipos de células para desempenhar funções especializadas.

- **Especificidade dos tecidos**: Mecanismos de regulação que garantem que os genes são expressos em tecidos ou órgãos específicos durante o desenvolvimento e a homeostase.

8. Herança epigenética

- **Transmissão de marcas epigenéticas**: Alterações nos padrões de expressão dos genes que podem ser herdadas através das divisões celulares e, por vezes, através das gerações.

Importância e implicações

A regulação da expressão dos genes é fundamental para manter a homeostase celular, responder às alterações ambientais e assegurar o desenvolvimento e a função adequados dos organismos. A desregulação da expressão genética pode conduzir a várias doenças, incluindo cancro, perturbações metabólicas e anomalias do desenvolvimento. Por conseguinte, a compreensão destes mecanismos reguladores é essencial para o avanço da investigação biomédica e para o desenvolvimento de terapias para tratar doenças genéticas e epigenéticas.

5.1 Regulação da expressão génica em procariotas

Nos procariotas, como as bactérias, a expressão genética é frequentemente regulada através de operões, que são grupos de genes transcritos em conjunto sob o controlo de um único promotor. Dois exemplos clássicos de regulação genética baseada em operão em procariotas são o operão lac e o operão trp.

1. Operão Lac

O operão lac em Escherichia coli (E. coli) regula o metabolismo da lactose, permitindo à bactéria utilizar a lactose como fonte de energia quando a glucose é escassa. É constituído por três genes estruturais principais e elementos reguladores associados:

- **Genes estruturais**:

  - **lacZ**: Codifica a ß-galactosidase, uma enzima que hidrolisa a lactose em glucose e galactose.

  - **lacY**: Codifica a permease da lactose, uma proteína de membrana que facilita a absorção de lactose pela célula.

  - **lacA**: codifica a tiogalactosídeo transacetilase, que desintoxica certos galactosídeos tóxicos.

- **Elementos de regulamentação**:

  - **Promotor**: Região onde a RNA polimerase se liga para iniciar a transcrição do operão lac.

  - **Operador**: Sequência de ADN adjacente ao promotor onde a proteína repressora lac se liga para bloquear a transcrição na ausência de lactose.

  - **Repressor Lac (LacI)**: Uma proteína reguladora que se liga ao operador na ausência de lactose, impedindo a RNA polimerase de transcrever os genes estruturais.

  - **Indutor**: A lactose actua como indutor ao ligar-se ao

repressor lac, provocando uma alteração conformacional que o liberta do operador. Isto permite que a RNA polimerase transcreva os genes estruturais.

Mecanismo de regulação:

- **Repressão**: Na ausência de lactose, o repressor lac liga-se ao operador, bloqueando fisicamente a transcrição dos genes estruturais pela RNA polimerase.

- **Indução**: Quando a lactose está presente, liga-se ao repressor lac, fazendo com que este se dissocie do operador. Isso permite que a RNA polimerase transcreva os genes estruturais, permitindo que a bactéria utilize a lactose como fonte de energia.

2. Operão Trp

O operão trp em E. coli regula a biossíntese do triptofano, um aminoácido essencial. É constituído por cinco genes estruturais e elementos reguladores associados:

Genes estruturais:

- **trpE, trpD, trpC, trpB, trpA**: Codificam enzimas envolvidas na biossíntese do triptofano a partir do ácido coriónico.

- **Elementos de regulamentação:**

  - **Promotor**: Região onde a RNA polimerase se liga para iniciar a transcrição do operão trp.

  - **Operão**: Sequência de ADN onde a proteína repressora trp se liga para regular a transcrição do operão.

  - **Trp Repressor (TrpR)**: Uma proteína reguladora que se liga ao operador na presença de triptofano.

  - **Corepressor**: O triptofano actua como um corepressor

ligando-se à proteína repressora trp, permitindo-lhe ligar-se ao operador e bloquear a transcrição dos genes estruturais.

Mecanismo de regulação:

- **Repressão**: Na presença de triptofano, o repressor trp liga-se ao operador, impedindo a RNA polimerase de transcrever os genes estruturais.

- **Atenuação**: Um mecanismo regulador que actua ao nível da terminação da transcrição. Envolve a formação de estruturas secundárias específicas de RNA (atenuadores) na região líder do mRNA do operon trp. A presença de triptofano afecta a formação destas estruturas, influenciando se a transcrição prossegue ou termina prematuramente.

Resumo

Os operões lac e trp ilustram mecanismos diferentes de regulação de genes em procariotas. O operão lac utiliza um sistema induzível em que uma molécula indutora (lactose) ativa a transcrição através da libertação de uma proteína repressora. Em contraste, o operão trp utiliza um sistema repressível em que uma molécula corepressora (triptofano) se liga a uma proteína repressora para inibir a transcrição. Estes operões permitem que as bactérias respondam a sinais ambientais e regulem a expressão genética de forma eficiente com base nas necessidades metabólicas.

Transcrição do Operão lac

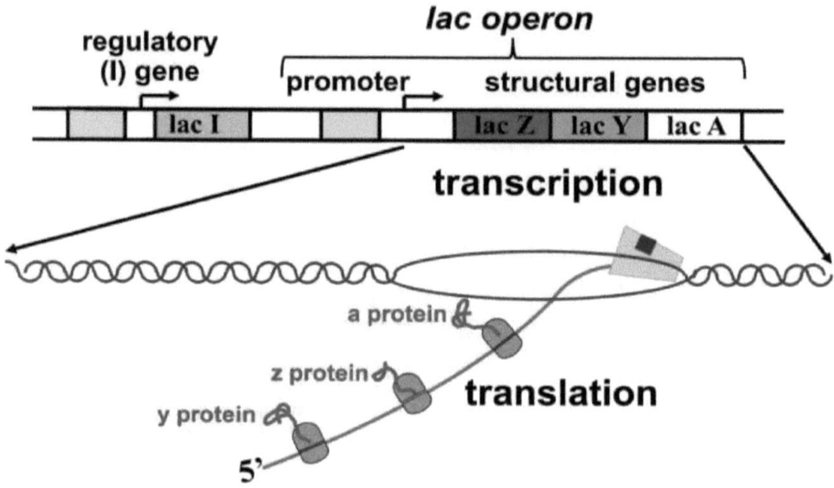

Figura 7.Transcrição do operão lac de E. coli

5.2 Regulação da expressão génica em eucariotas

A expressão dos genes nos eucariotas é regulada através de uma rede complexa de mecanismos que controlam a transcrição, o processamento do ARN, a estabilidade do ARNm, a tradução e as modificações pós-traducionais. Aqui está uma visão geral dos principais mecanismos envolvidos na regulação da expressão génica em células eucarióticas:

1. Regulação da transcrição

- **Factores de transcrição**: Proteínas que se ligam a sequências de ADN específicas (potenciadores, promotores e silenciadores) para ativar ou reprimir a transcrição.

- **Potenciadores e Promotores**: Sequências de DNA que recrutam a maquinaria de transcrição (RNA polimerase II) e proteínas reguladoras para iniciar a transcrição.

- **Coactivadores e Corepressores**: Proteínas que interagem com factores de transcrição para aumentar ou inibir a sua atividade, respetivamente.

- **Estrutura da cromatina**: O ADN é enrolado em torno de proteínas histonas para formar nucleossomas, que podem ser modificados (por exemplo, acetilação, metilação) para regular a acessibilidade do ADN aos factores de transcrição.

2. Regulação epigenética

- **Metilação do ADN**: Adição de grupos metilo a bases de citosina em dinucleótidos CpG, frequentemente associada ao silenciamento de genes.

- **Modificações das histonas**: Modificações covalentes (acetilação, metilação, fosforilação, etc.) das proteínas histonas que influenciam a estrutura da cromatina e a acessibilidade dos genes.

- **Complexos de Remodelação da Cromatina**: Dependente de ATP

  complexos que reposicionam os nucleossomas e alteram a estrutura da cromatina para regular a expressão genética.

3. Processamento e estabilidade do ARN

- **Splicing alternativo**: Podem ser geradas diferentes isoformas de ARNm a partir de um único gene através da inclusão ou exclusão de diferentes exões durante o splicing do ARN.

- **Edição de ARN**: A modificação das sequências de nucleótidos nos transcritos de ARNm pode alterar as sequências codificadoras de proteínas ou a estabilidade do ARN.

- **Estabilidade do mRNA**: A ligação de proteínas de ligação ao ARN e de ARN não codificantes (por exemplo, micro ARN) ao

ARNm pode estabilizar ou promover a degradação das moléculas de ARNm.

4. Regulamento da tradução

- **Factores de iniciação**: Proteínas que controlam a montagem do complexo de iniciação da tradução e o início da síntese proteica.

- **Proteínas reguladoras e elementos de RNA**: A ligação de proteínas ou elementos de ARN a sequências ou estruturas específicas no ARNm pode aumentar ou inibir a eficiência da tradução.

- **Localização do mRNA**: O transporte de moléculas de ARNm para locais subcelulares específicos pode regular a síntese proteica em células espacialmente organizadas.

5. Regulação Pós-Translacional

- **Modificações das proteínas**: A fosforilação, a glicosilação, a ubiquitinação e outras modificações podem alterar a estabilidade, a localização e a atividade das proteínas.

- **Montagem de complexos proteicos**: A formação de complexos multiproteicos ou de interações proteína-proteína pode modular a função das proteínas e as vias de sinalização.

6. RNAs não-codificantes (ncRNAs)

- **MicroRNAs (miRNAs)**: Pequenos RNAs que se ligam a sequências complementares em mRNAs alvo, levando à degradação do mRNA ou à repressão translacional.

- **RNAs longos não-codificadores (lncRNAs)**: Transcrições longas que regulam a expressão dos genes através de vários mecanismos, incluindo a remodelação da cromatina e a regulação da transcrição.

7. Vias de sinalização celular

- **Hormonas e factores de crescimento**: Sinais extracelulares que activam as vias de sinalização intracelular, levando a alterações na expressão genética através de factores de transcrição e coactivadores.

- **Sinais de desenvolvimento**: Mecanismos reguladores que controlam a expressão dos genes durante o desenvolvimento, a diferenciação e as funções específicas dos tecidos.

Importância e implicações

A regulação da expressão génica é essencial para manter a homeostasia celular, responder a estímulos ambientais e assegurar o desenvolvimento e a função adequados dos organismos eucariotas. A desregulação da expressão genética pode contribuir para várias doenças, incluindo o cancro, as perturbações metabólicas e as doenças neurológicas. Por conseguinte, a compreensão destes mecanismos reguladores é crucial para o avanço da investigação biomédica e para o desenvolvimento de terapias para tratar doenças genéticas e epigenéticas em eucariotas.

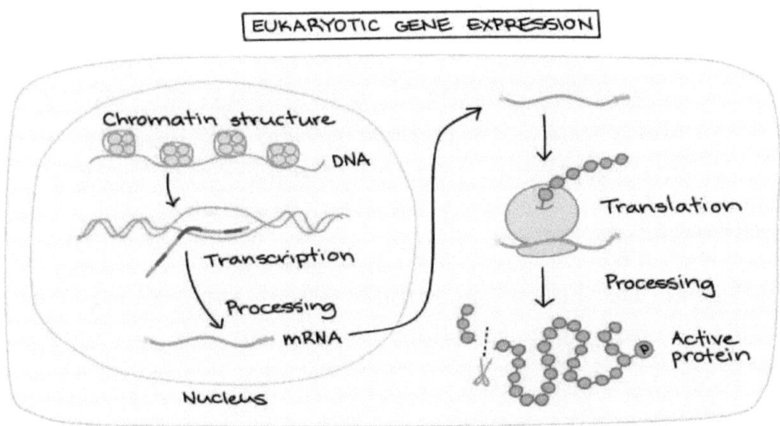

Figura 8. Expressão génica eucariótica

6. Rearranjo funcional dos genes

O rearranjo funcional dos genes refere-se a eventos genéticos em que a estrutura ou organização dos genes é alterada, levando a mudanças na expressão dos genes ou na função das proteínas. Estes rearranjos podem ocorrer através de vários mecanismos e desempenham papéis significativos na evolução, desenvolvimento e doença. Aqui estão alguns tipos e exemplos de rearranjos funcionais de genes:

1. Fusão de genes

- **Definição**: Fusão de dois ou mais genes separados num único gene quimérico.

- **Mecanismo**: Pode ocorrer através de rearranjos cromossómicos, como translocações ou deleções.

- **Exemplos**:

  - **Fusão BCR-ABL**: Surge da translocação do cromossoma Filadélfia (t(9;22)) na leucemia mieloide crónica (LMC), conduzindo a uma tirosina cinase constitutivamente ativa.

  - **Fusão TMPRSS2-ERG**: Encontrada no cancro da próstata, em que o promotor TMPRSS2 regulado pelos androgénios conduz à expressão do oncogene ERG.

2. Amplificação de genes

- **Definição**: Duplicação ou amplificação de um gene ou de uma região genómica, conduzindo a um aumento da dosagem genética.

- **Mecanismo**: Pode ocorrer através de ciclos repetidos de replicação do ADN ou de cruzamentos desiguais durante a meiose.

- **Exemplos**:

  - **Amplificação do HER2**: A amplificação do gene HER2/neu no cancro da mama leva à sobreexpressão do recetor HER2, promovendo a proliferação e a sobrevivência das células.

  - **Amplificação do EGFR**: Amplificação do gene EGFR em vários cancros, levando a um aumento da sinalização através da via EGFR.

3. Deleção de genes

- **Definição**: Perda ou remoção de parte ou da totalidade de um gene do genoma.

- **Mecanismo**: Pode resultar de uma quebra cromossómica, de um crossing over desigual ou de erros de recombinação.

- **Exemplos**:

  - **Síndrome de Williams-Beuren**: A deleção de uma região do cromossoma 7 leva a uma constelação de défices de desenvolvimento e cognitivos.

  - **Deleção de BRCA1/BRCA2**: As deleções que afectam os genes BRCA1 ou BRCA2 aumentam a suscetibilidade aos cancros hereditários da mama e do ovário.

4. Translocação cromossómica

- **Definição**: Movimento de um segmento cromossómico para uma nova localização no genoma, envolvendo frequentemente a troca de segmentos entre cromossomas não-homólogos.

- **Mecanismo**: Pode resultar de erros nos mecanismos de reparação do ADN ou nas actividades enzimáticas.

- **Exemplos**:

  - **Cromossoma Philadelphia (t(9;22))**: A translocação na

LMC leva ao gene de fusão BCR-ABL, como mencionado anteriormente.

- o **Linfoma de Burkitt**: A translocação entre os cromossomas 8 e 14 coloca o oncogene MYC sob o controlo de potenciadores de imunoglobulinas, levando à sobreexpressão de MYC.

5. Mutações de inserção/eliminação (Indels)

- **Definição**: Inserções ou deleções em pequena escala de sequências de nucleotídeos dentro de um gene ou região reguladora.

- **Mecanismo**: Pode resultar de erros durante os processos de replicação ou reparação do ADN.

- **Exemplos**:

  - o **Fibrose cística**: A deleção de três nucleotídeos (AF508) no gene CFTR leva a uma proteína de canal de cloreto defeituosa, causando fibrose cística.

  - o **Hemoglobinopatias**: Mutações de inserção ou deleção no gene HBB levam à produção anormal de hemoglobina, como na doença falciforme.

Consequências funcionais

- **Alteração da expressão génica**: Os rearranjos podem levar à alteração dos níveis de expressão ou dos padrões de atividade dos genes, afectando as funções celulares e as caraterísticas fenotípicas.

- **Criação de novos genes**: Os eventos de fusão podem criar genes quiméricos com novas funções ou propriedades reguladoras alteradas.

- **Desenvolvimento da doença**: Muitas doenças genéticas e cancros resultam de rearranjos funcionais que perturbam a função ou regulação normal dos genes.

Os rearranjos funcionais dos genes são processos fundamentais na evolução e na patologia das doenças, ilustrando a natureza dinâmica da informação genética e o seu impacto na variabilidade dos fenótipos e nos resultados em termos de saúde.

6.1 Anticorpos e suas diversidades

Os anticorpos, também conhecidos como imunoglobulinas (Ig), são proteínas especializadas produzidas pelas células B do sistema imunitário em resposta a substâncias estranhas denominadas antigénios. Desempenham um papel crucial na resposta imunitária adaptativa, reconhecendo e ligando-se a antigénios específicos, marcando-os para destruição ou neutralização por outras células imunitárias.

Estrutura dos anticorpos

Os anticorpos têm uma estrutura em forma de Y composta por quatro cadeias polipeptídicas:

- **Duas cadeias pesadas idênticas**: Cada cadeia pesada tem cerca de 440 aminoácidos de comprimento e contém vários domínios, incluindo uma região variável (V) e uma região constante (C).

- **Duas cadeias leves idênticas**: Cada cadeia leve tem cerca de 220 aminoácidos de comprimento e consiste numa região variável (V) e numa região constante (C).

Diversidade de anticorpos

A diversidade dos anticorpos é atribuída principalmente à variabilidade das suas regiões de ligação ao antigénio, que são formadas pelas regiões variáveis das cadeias pesadas e leves. Eis os principais mecanismos que contribuem para a diversidade dos anticorpos:

1. **Diversidade Combinatória**:

   o **Rearranjo de segmentos de genes**: Durante o desenvolvimento das células B, os segmentos de genes que codificam as regiões variáveis das cadeias pesadas (VH), kappa ligeira (Vκ) e lambda ligeira (VÄ) sofrem recombinação somática.

   o **Recombinação VDJ**: A combinação aleatória de segmentos de genes variáveis (V), de diversidade (D) e de junção (J) gera um vasto repertório de potenciais especificidades de anticorpos.

2. **Diversidade juncional**:

   o **Junção imperfeita**: O processo de recombinação VDJ é impreciso, resultando em adições ou deleções de nucleotídeos nas junções entre os segmentos V, D e J. Isto acrescenta mais diversidade aos locais de ligação ao antigénio dos anticorpos.

3. **Hipermutação somática**:

   o **Introdução de mutações pontuais**: Após a exposição ao antigénio, as células B podem sofrer hipermutação somática, introduzindo mutações pontuais nas regiões variáveis dos seus genes de anticorpos.

   o **Seleção para alta afinidade**: As células B com mutações que levam a uma maior afinidade pelo antigénio são submetidas a uma seleção positiva, o que leva à produção de anticorpos com maior especificidade de ligação.

4. **Troca de isótipos**:

   o **Recombinação de troca de classe**: As células B podem mudar a região constante (C) do seu anticorpo de IgM para outros isótipos, como IgG, IgA ou IgE.

o **Retenção da região variável**: As regiões variáveis que determinam a especificidade do antigénio permanecem inalteradas durante a mudança de isótipo, permitindo que as células B produzam anticorpos de diferentes classes com a mesma especificidade antigénica.

Funções dos anticorpos

- **Neutralização**: Os anticorpos podem neutralizar os agentes patogénicos ligando-se a superfícies ou toxinas virais, impedindo-os de infetar as células.

- **Opsonização**: Os anticorpos ligam-se aos agentes patogénicos e marcam-nos para fagocitose por macrófagos e neutrófilos.

- **Ativação do complemento**: Os anticorpos podem ativar o sistema do complemento, levando à lise de agentes patogénicos ou ao recrutamento de células imunitárias.

- **Citotoxicidade celular dependente de anticorpos (ADCC)**:

  Os anticorpos podem ligar-se a células infectadas ou cancerosas, marcando-as para serem destruídas por células assassinas naturais (NK) e outras células citotóxicas.

Aplicações clínicas

- **Diagnóstico**: Os anticorpos são utilizados em testes de diagnóstico (por exemplo, ELISA) para detetar antigénios ou anticorpos específicos em amostras de doentes.

- **Terapêutica**: Os anticorpos monoclonais (mAbs) são utilizados como terapias direcionadas para várias doenças, incluindo cancro, doenças auto-imunes e doenças infecciosas. Em geral, a diversidade dos anticorpos permite ao sistema imunitário reconhecer e responder a uma vasta gama de antigénios, proporcionando proteção contra agentes patogénicos e contribuindo para a vigilância imunitária e a homeostase do organismo.

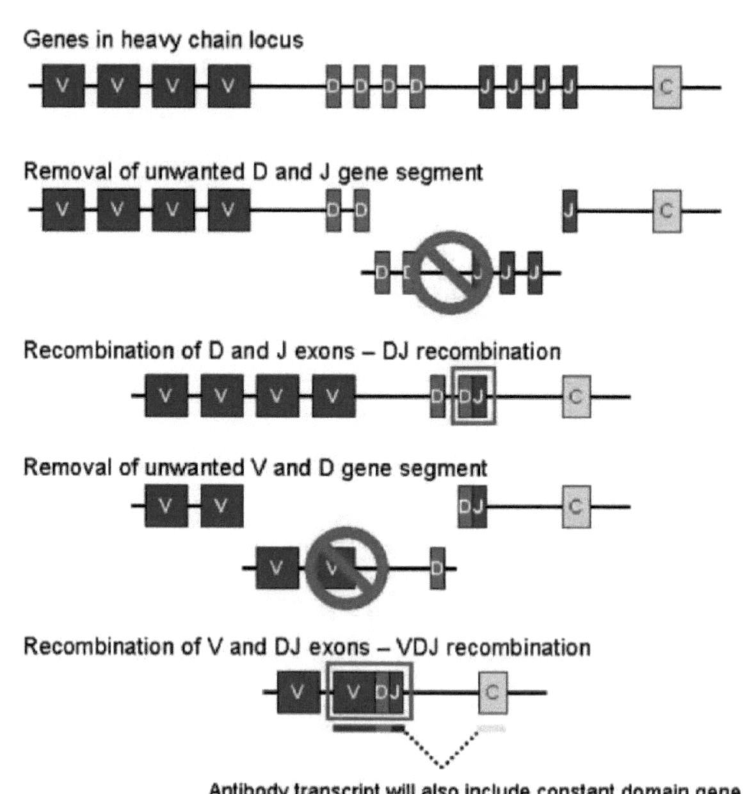

6.2 Rearranjo de genes de anticorpos

O rearranjo dos genes dos anticorpos refere-se aos processos genéticos que geram a vasta diversidade de anticorpos (imunoglobulinas) produzidos pelas células B no sistema imunitário. Esta diversidade é essencial para a capacidade do sistema imunitário de reconhecer e responder eficazmente a uma vasta gama de antigénios. Aqui está uma visão detalhada de como ocorre o rearranjo dos genes dos anticorpos:

1. Segmentos de genes envolvidos

Os genes dos anticorpos são compostos por múltiplos segmentos de genes que sofrem rearranjos durante o desenvolvimento das células B. Os principais segmentos incluem:

- **Segmentos variáveis (V), de diversidade (D) e de união (J)**:

  o **Cadeia pesada**: Contém os segmentos V, D e J (IGHV, IGHD, IGHJ).

  o **Cadeia leve (Kappa)**: Contém os segmentos V e J (IGKV, IGKJ).

  o **Cadeia ligeira (Lambda)**: Contém os segmentos V e J (IGLV, IGLJ).

2. Processo de recombinação V(D)J

A recombinação V(D)J é um processo genético altamente regulado que ocorre no desenvolvimento de células B na medula óssea. Este processo resulta na montagem de um gene funcional que codifica a região variável do anticorpo. Os passos envolvidos na recombinação V(D)J são:

- **Proteínas RAG**: As proteínas do gene ativador da recombinação (RAG) iniciam o processo reconhecendo e ligando-se às sequências de sinal de recombinação (RSS) que flanqueiam cada segmento dos genes V, D e J.

- **Clivagem do ADN**: As proteínas RAG induzem uma quebra de cadeia dupla (DSB) entre o segmento do gene e o RSS.

- **Formação de hairpins**: As extremidades quebradas do ADN são processadas, levando à formação de laços em forma de grampo nas extremidades do segmento codificador.

- **Junção**: As enzimas de junção de extremidades não homólogas (NHEJ) resolvem os loops de hairpin e ligam os segmentos V, D e J, removendo o DNA intermediário.

3. Diversidade juncional

Durante a recombinação V(D)J, vários processos adicionais contribuem para a diversidade:

- **Adição de nucleotídeos P**: Os nucleótidos (nucleótidos P) podem ser adicionados aleatoriamente pela desoxinucleotidil transferase terminal (TdT) nas junções entre os segmentos V, D e J.

- **Adição de N-nucleótidos**: Os nucleótidos (N-nucleótidos) podem ser adicionados ou eliminados por adição de nucleótidos ou atividade de exonuclease nas junções.

- **Adição de nucleótidos palindrómicos**: As sequências palindrómicas podem ser criadas por adição de nucleótidos, levando a uma maior diversidade nas regiões de junção.

4. Regulação e especificidade

- **Exclusão alélica**: Apenas um alelo de cada gene de cadeia pesada e leve sofre um rearranjo bem sucedido para garantir que cada célula B produz anticorpos com uma única especificidade.

- **Seleção positiva e negativa**: As células B são submetidas a processos de seleção na medula óssea e nos órgãos linfóides periféricos para garantir que produzem anticorpos funcionais com afinidade adequada para os antigénios.

5. Rearranjo em cadeias leves e pesadas

- **Rearranjo da cadeia leve**: Começa com o rearranjo dos genes da cadeia leve (kappa ou lambda), seguido do emparelhamento com os genes da cadeia pesada rearranjados.

- **Rearranjo da cadeia pesada**: Envolve o rearranjo dos genes da cadeia pesada, que ocorre antes do rearranjo da cadeia leve.

Importância e aplicações

O rearranjo dos genes dos anticorpos é crucial para gerar a vasta diversidade de anticorpos necessários para reconhecer e responder a uma enorme variedade de antigénios. Esta diversidade é essencial para respostas imunitárias eficazes contra agentes patogénicos e para a vigilância imunitária. A compreensão dos mecanismos de rearranjo dos genes de anticorpos tem implicações significativas na imunologia, no desenvolvimento de vacinas e na produção de anticorpos terapêuticos (por exemplo, anticorpos monoclonais).

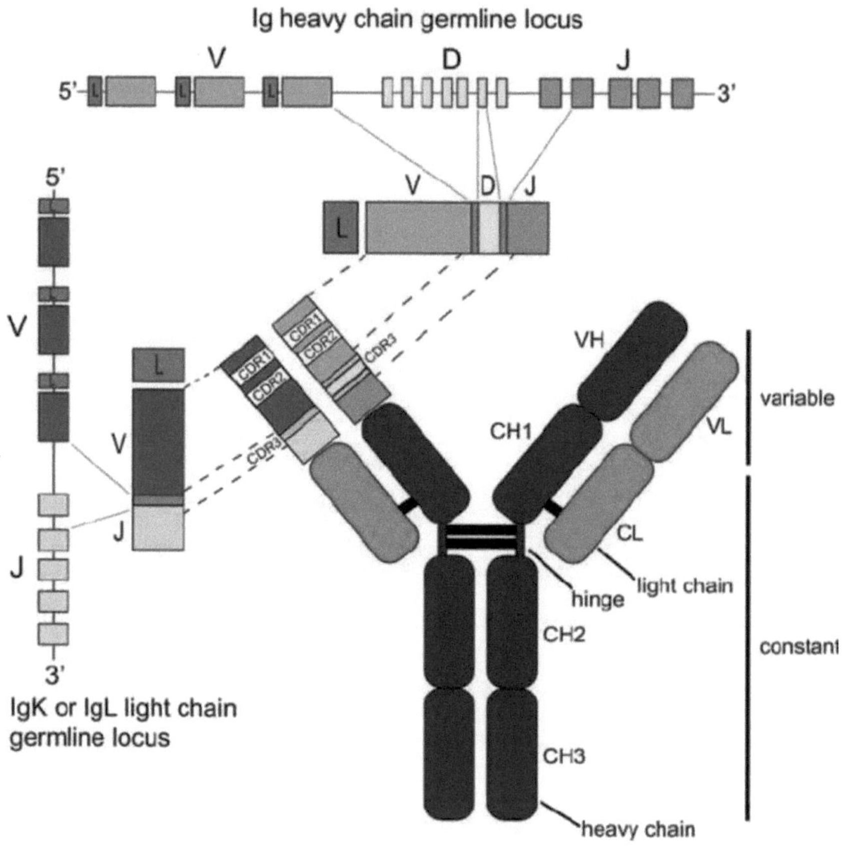

Ig heavy chain germline locus
V
D
J
5'
L
L
L
3'
V
D
J
L
5'
V
L
V
CDR1
CDR2
CDR3
CDR1
CDR2
CDR3
J
VH
CH1
VL
variable
CL
hinge
light chain
CH2
constant
CH3
heavy chain
J
3'
IgK or IgL light chain
germline locus

7. Aplicações da biologia molecular

A biologia molecular tem uma vasta gama de aplicações em várias disciplinas científicas, indústrias biotecnológicas, medicina, agricultura e ciências ambientais. Eis algumas das principais aplicações da biologia molecular:

1. Investigação biomédica e desenvolvimento de medicamentos

- **Estudos genéticos**: Compreender a base genética das doenças, incluindo o cancro, as doenças genéticas e as doenças infecciosas.

- **Identificação de alvos de medicamentos**: Identificação de alvos moleculares para o desenvolvimento de medicamentos através de abordagens genómicas, proteómicas e de biologia de sistemas.

- **Descoberta de biomarcadores**: Identificação de marcadores moleculares (por exemplo, genes, proteínas, miRNAs) associados à progressão da doença, ao prognóstico e à resposta ao tratamento.

- **Medicina personalizada**: Adaptação do tratamento médico com base em perfis genéticos individuais para otimizar a eficácia e minimizar os efeitos adversos.

2. Biotecnologia e engenharia genética

- **Tecnologia de ADN recombinante**: Manipulação de sequências de ADN para produzir proteínas recombinantes, vacinas e agentes terapêuticos.

- **Edição de genes**: Utilização de ferramentas como a CRISPR/Cas9 para a edição precisa do genoma na investigação, na agricultura e em potenciais aplicações de terapia genética.

- **Biologia sintética**: Conceber e construir novos sistemas biológicos, vias e organismos para aplicações na medicina, na produção de energia e na proteção do ambiente.

3. **Agricultura e produção alimentar**

- **Culturas de modificação genética (GM)**: Engenharia de culturas para melhorar o rendimento, a resistência a pragas e o conteúdo nutricional.

- **Melhoramento de culturas**: Utilização de marcadores moleculares para programas de melhoramento para desenvolver culturas com caraterísticas desejáveis (por exemplo, tolerância à seca, resistência a doenças).

- **Segurança e rastreabilidade alimentar**: Utilização de métodos moleculares para detetar agentes patogénicos, alergénios e organismos geneticamente modificados (OGM) em produtos alimentares.

4. **Monitorização e conservação do ambiente**

- **Avaliação da biodiversidade**: Utilização de marcadores moleculares (por exemplo, código de barras de ADN) para identificar e estudar a diversidade de espécies e a variação genética.

- **Monitorização da poluição**: Deteção e monitorização contaminantes ambientais (por exemplo, metais pesados, poluentes) utilizando técnicas moleculares.

- **Genética da conservação**: Estudo da diversidade genética e da dinâmica populacional de espécies ameaçadas de extinção para informar estratégias de conservação.

5. Ciências forenses e antropologia

- **Perfil de ADN**: Identificação de indivíduos e estabelecimento de paternidade/maternidade através da recolha de impressões digitais de ADN.

- **Genética forense**: Utilização de provas de ADN para resolver casos criminais, identificar vítimas de desastres e analisar artefactos históricos.

- **Estudos da evolução humana**: Utilização de marcadores moleculares para estudar as origens humanas, os padrões de migração e as relações evolutivas.

6. Aplicações clínicas e de diagnóstico

- **Diagnóstico molecular**: Deteção de agentes patogénicos (por exemplo, vírus, bactérias) e mutações genéticas associadas a doenças utilizando PCR, sequenciação e outros métodos moleculares.

- **Genómica do cancro**: Analisar os genomas dos tumores para orientar estratégias personalizadas de tratamento do cancro.

- **Investigação sobre doenças infecciosas**: Estudo dos mecanismos moleculares da virulência dos agentes patogénicos e da resistência aos medicamentos para desenvolver novas ferramentas de diagnóstico e terapias.

7. Bioinformática e biologia computacional

- **Análise de dados**: Processamento e análise de conjuntos de dados genómicos, transcriptómicos e proteómicos em grande escala para extrair conhecimentos biológicos.

- **Biologia de sistemas**: Modelação de sistemas e redes biológicas complexas para compreender os processos biológicos a nível molecular.

Conclusão

A biologia molecular continua a avançar rapidamente, impulsionando a inovação em diversos domínios e contribuindo para avanços significativos na medicina, na agricultura, nas ciências do ambiente e não só. A sua natureza interdisciplinar e a integração com outras disciplinas científicas, como a bioinformática e a biotecnologia, garantem a exploração e aplicação contínuas dos princípios moleculares para resolver desafios biológicos complexos e melhorar a qualidade de vida.

7.1 Aplicações da biologia molecular em vários domínios

A biologia molecular, com a sua capacidade de estudar processos biológicos a nível molecular, revolucionou várias disciplinas científicas e indústrias. Eis algumas aplicações específicas da biologia molecular em diferentes domínios:

1. Investigação biomédica e medicina

- **Doenças genéticas**: Identificação de mutações genéticas responsáveis por doenças hereditárias (por exemplo, fibrose cística, anemia falciforme) e desenvolvimento de testes genéticos para diagnóstico.

- **Investigação sobre o cancro**: Estudar os mecanismos moleculares do desenvolvimento do cancro, identificar os oncogenes e os genes supressores de tumores e desenvolver terapias específicas.

- **Doenças infecciosas**: Desenvolvimento de testes de diagnóstico molecular (por exemplo, ensaios PCR) para deteção rápida de agentes patogénicos (vírus, bactérias) e monitorização da resistência aos medicamentos.

- **Medicina regenerativa**: Engenharia de células estaminais e tecidos para fins terapêuticos, incluindo a regeneração de órgãos e a reparação de tecidos.

- **Farmacogenómica**: Adaptação dos tratamentos medicamentosos com base em perfis genéticos individuais para maximizar a eficácia e minimizar os efeitos adversos.

2. Biotecnologia e engenharia genética

- **Tecnologia de ADN recombinante**: Produção de proteínas recombinantes (por exemplo, insulina, vacinas) e de organismos geneticamente modificados (OGM) com caraterísticas desejadas (por exemplo, melhoramento de culturas, enzimas industriais).

- **Edição de genes**: Utilização de ferramentas como CRISPR/Cas9 para editar genomas com precisão, fazendo avançar a investigação em terapia genética e bioprodução.

- **Biologia sintética**: Conceção e construção de novos sistemas biológicos, vias e organismos para aplicações industriais (por exemplo, produção de biocombustíveis, bioremediação).

3. Agricultura e Ciência Alimentar

- **Culturas geneticamente modificadas**: Desenvolvimento de culturas geneticamente modificadas com caraterísticas melhoradas, tais como resistência a pragas, tolerância à seca e melhor conteúdo nutricional.

- **Melhoramento molecular**: Utilização de marcadores moleculares para acelerar os programas tradicionais de melhoramento de culturas e resistência a doenças.

- **Segurança alimentar**: Deteção de agentes patogénicos e contaminantes de origem alimentar utilizando técnicas moleculares (por exemplo, PCR, sequenciação de ADN) para garantir a segurança e a rastreabilidade dos alimentos.

4. Ciência e conservação do ambiente

- **Monitorização ambiental**: Utilização de métodos moleculares para detetar e monitorizar poluentes, agentes patogénicos e biodiversidade no ar, na água e no solo.

- **Genética da conservação**: Estudo da diversidade genética e da dinâmica populacional de espécies ameaçadas de extinção para informar estratégias de conservação e programas de reintrodução.

- **Biorremediação**: desenvolvimento de tecnologias geneticamente modificadas

  microorganismos para a limpeza de poluentes e toxinas ambientais.

5. Ciências forenses e antropologia

- **Perfil de ADN**: Identificação de indivíduos e resolução de casos criminais através da recolha de impressões digitais e da análise genética do ADN.

- **Investigação antropológica**: Estudar a evolução humana, os padrões de migração e a ascendência genética utilizando marcadores moleculares e análises de ADN antigo.

- **Estudos Históricos e Arqueológicos**: Análise de material genético de vestígios antigos para compreender as migrações históricas e a dinâmica das populações.

6. Bioinformática e biologia computacional

- **Genómica**: Sequenciação e análise de genomas para estudar a variação genética, as relações evolutivas e a função dos genes.

- **Transcriptómica e proteómica**: Estudo dos padrões de expressão genética (transcriptómica) e das interações proteicas (proteómica) para compreender os processos biológicos.

- **Biologia de sistemas**: Modelação de sistemas e redes biológicas complexas para prever comportamentos e respostas celulares.

7. Aplicações industriais

- **Biofarmacêutica**: produção de proteínas terapêuticas, anticorpos e vacinas utilizando tecnologia de ADN recombinante e sistemas de cultura de células.

- **Biocombustíveis e bioprodutos**: Engenharia de microorganismos para a produção de biocombustíveis, bioquímicos e materiais renováveis.

- **Ferramentas de diagnóstico**: Desenvolvimento de ensaios moleculares e biossensores para diagnósticos médicos, monitorização ambiental e controlo de qualidade industrial.

Conclusão

A biologia molecular continua a impulsionar a inovação e o avanço numa vasta gama de domínios, desde a investigação fundamental até às aplicações práticas na medicina, agricultura, ciências ambientais e indústria. A sua natureza interdisciplinar e a integração com tecnologias como a bioinformática e a biotecnologia garantem a exploração e aplicação contínuas dos princípios moleculares para resolver desafios complexos e melhorar a saúde humana, a segurança alimentar, a sustentabilidade ambiental e os processos industriais.

7.2 Tecnologia do ADN recombinante

A tecnologia do ADN recombinante, também conhecida como engenharia genética, refere-se às técnicas utilizadas para manipular e combinar moléculas de ADN de diferentes fontes, criando moléculas de ADN recombinante. Esta tecnologia revolucionou a investigação biológica, a biotecnologia, a medicina, a agricultura e vários outros domínios. Aqui está uma visão geral da tecnologia do ADN recombinante, dos seus métodos, aplicações e implicações:

Métodos da tecnologia do ADN recombinante

1. **Clonagem de genes**: O processo de isolar e fazer múltiplas cópias de um gene específico de interesse.

2. **Reação em cadeia da polimerase (PCR)**: Uma técnica utilizada para amplificar exponencialmente sequências de ADN específicas, permitindo a produção de milhões de cópias de um fragmento de ADN.

3. **Enzimas de restrição**: Enzimas que cortam o ADN em sequências específicas (locais de restrição), permitindo a clivagem e a manipulação precisas de fragmentos de ADN.

4. **DNA Ligase**: Uma enzima que catalisa a união de fragmentos de ADN com extremidades complementares, criando moléculas de ADN recombinante.

5. **Vectores**: Moléculas de ADN utilizadas para transportar ADN estranho para as células hospedeiras para replicação e expressão. Os vectores comuns incluem plasmídeos, bacteriófagos e cromossomas artificiais.

6. **Transformação**: O processo de introdução de ADN recombinante em células hospedeiras (por exemplo, bactérias, leveduras, células de mamíferos) para produzir organismos recombinantes.

Aplicações da tecnologia do ADN recombinante

1. **Investigação biomédica e desenvolvimento de medicamentos**:

   o **Produção de proteínas terapêuticas**: A insulina, as

hormonas de crescimento, os factores de coagulação e as vacinas podem ser produzidos em grandes quantidades utilizando a tecnologia do ADN recombinante.

o **Terapia genética**: Correção de defeitos genéticos através da administração de genes terapêuticos nas células dos doentes.

o **Estudo da função dos genes**: Criação de organismos knockout ou transgénicos para estudar a função dos genes e os mecanismos das doenças.

2. **Biotecnologia e indústria**:

o **Produção de Enzimas**: Enzimas industriais (por exemplo, amilases, proteases) para utilização no processamento de alimentos, produção de detergentes e produção de biocombustíveis.

o **Bioremediação**: Engenharia de microorganismos para degradar poluentes e toxinas ambientais.

o **Biologia sintética**: Conceção de novos sistemas e vias biológicas para aplicações industriais e médicas.

3. **Agricultura e produção alimentar**:

o **Culturas geneticamente modificadas (GM)**: Desenvolvimento de culturas com maior rendimento, resistência a pragas e conteúdo nutricional.

o **Biotecnologia animal**: Produção de gado com caraterísticas desejadas (por exemplo, resistência a doenças, aumento da produção de leite).

o **Ferramentas de diagnóstico**: Desenvolvimento de ensaios moleculares para a deteção de agentes patogénicos e contaminantes em produtos alimentares.

4. **Aplicações ambientais e de conservação**:

- o **Monitorização ambiental**: Deteção e monitorização de poluentes ambientais através de técnicas moleculares.

- o **Genética da conservação**: Estudo da diversidade genética e da dinâmica populacional de espécies ameaçadas de extinção para fins de conservação.

5. **Ciências forenses e antropologia**:

- o **Perfil de ADN**: Identificação de indivíduos e resolução de casos criminais através da recolha de impressões digitais e da análise genética do ADN.

- o **Estudos Históricos e Arqueológicos**: Análise de ADN antigo para estudar a evolução humana, os padrões de migração e a ascendência genética.

Considerações éticas e de segurança

A tecnologia do ADN recombinante suscitou preocupações éticas relativamente à segurança, ao impacto ambiental e à potencial utilização indevida de organismos geneticamente modificados (OGM). Existem regulamentos e diretrizes para garantir a utilização responsável e a avaliação dos riscos dos produtos e tecnologias geneticamente modificados.

Direcções futuras

Os avanços na tecnologia de edição do genoma CRISPR/Cas9 e na biologia sintética estão a expandir as capacidades da tecnologia do ADN recombinante, permitindo a edição precisa de genomas e a criação de novos sistemas biológicos. Estas inovações são promissoras para enfrentar os desafios globais nos domínios da saúde, da agricultura e do ambiente.

Em suma, a tecnologia do ADN recombinante continua a desempenhar um papel fundamental no avanço do conhecimento científico, na melhoria dos cuidados de saúde, no reforço da segurança alimentar e na resposta aos desafios ambientais, suscitando ao mesmo tempo debates éticos e supervisão regulamentar.

Ferramentas da tecnologia de ADN recombinante

Enzimas

- **Enzimas de restrição**: Estas enzimas cortam o ADN em locais de reconhecimento específicos, conhecidos como locais de restrição, que são tipicamente sequências palindrómicas. Podem criar extremidades pegajosas ou extremidades cegas em fragmentos de ADN.

- **Polimerases**: Estas enzimas, como a ADN polimerase, são utilizadas para sintetizar novas cadeias de ADN a partir do ADN modelo.

- **Ligases**: A DNA ligase é utilizada para unir fragmentos de ADN catalisando a formação de ligações fosfodiéster entre nucleótidos adjacentes.

Vectores

- **Vectores**: Veículos essenciais para transportar e replicar ADN recombinante em organismos hospedeiros. Os vectores mais comuns incluem os plasmídeos e os bacteriófagos.

  - **Componentes dos vectores**:

    - **Origem da Replicação**: Inicia a replicação do ADN na célula hospedeira.

    - **Marcador selecionável**: Genes que conferem resistência a antibióticos (por exemplo, resistência à ampicilina), permitindo a seleção de células que contêm o vetor.

    - **Sítios de clonagem**: Locais de reconhecimento de

enzimas de restrição onde o ADN estranho pode ser inserido no vetor.

Organismo hospedeiro

- **Organismo hospedeiro**: Recebe o ADN recombinante e permite a sua replicação e expressão.

  o **Transformação**: O processo de introdução de ADN recombinante em células hospedeiras. Os métodos incluem a microinjecção, a biolística (pistola de genes), a electroporação e métodos químicos (por exemplo, iões de cálcio).

Processo da tecnologia do ADN recombinante

1. **Isolamento do material genético**: Extrair e purificar o ADN desejado da sua fonte, removendo os contaminantes.

2. **Cortar o ADN**: Utilização de enzimas de restrição para clivar o ADN em sítios específicos, criando extremidades compatíveis (sticky ends).

3. **Amplificação do ADN**: A Reação em Cadeia da Polimerase (PCR) amplifica o gene de interesse para gerar múltiplas cópias.

4. **Ligação**: Junção do fragmento de ADN com o ADN do vetor utilizando ADN ligase para criar uma molécula de ADN recombinante.

5. **Inserção no hospedeiro**: Introduzir o ADN recombinante nas células hospedeiras através da transformação, onde é replicado e expresso.

6. **Expressão do ADN recombinante**: A célula hospedeira transcreve e traduz o gene inserido, produzindo a proteína ou ARN desejado.

A tecnologia de ADN recombinante permite a manipulação e

expressão de genes para várias aplicações em biotecnologia, medicina, agricultura e investigação.

7.3 Aplicações da tecnologia de ADN recombinante

Aplicações médicas

1. **Deteção de doenças**: A tecnologia de ADN recombinante é utilizada em testes de diagnóstico, tais como ensaios baseados em PCR, para detetar agentes patogénicos como o VIH em amostras de doentes.

2. **Terapia genética**: Utilizada para corrigir defeitos genéticos que causam doenças hereditárias. Os genes saudáveis são inseridos nas células para substituir os genes defeituosos, oferecendo potenciais tratamentos para doenças como a leucemia e a anemia falciforme.

3. **Produção de terapêuticas**: A insulina, as hormonas, as vacinas (por exemplo, a vacina contra a hepatite B) e os antibióticos são produzidos utilizando a tecnologia do ADN recombinante.

Aplicações agrícolas

1. **Organismos Geneticamente Modificados (OGM)**:

   o **Tomates Flavr Savr**: Concebidos para retardar o amadurecimento.

   o **Arroz dourado**: Enriquecido com vitamina A para combater as carências nutricionais.

   o **Bt-Cotton**: Contém genes de Bacillus thuringiensis para resistir a pragas de insectos.

2. **Caraterísticas melhoradas das culturas**: A tecnologia de ADN recombinante aumenta a produtividade e a resistência das culturas. Por exemplo, os genes para a fixação de azoto a partir de cianobactérias podem ser introduzidos nas plantas

para reduzir a utilização de fertilizantes e melhorar a saúde do solo.

Aplicações industriais

1. **Produção de enzimas**: As enzimas industriais para processamento de alimentos, fabrico de detergentes e produção de biocombustíveis são produzidas utilizando tecnologia de ADN recombinante.

2. **Bioremediação**: Os microorganismos geneticamente modificados são utilizados para limpar os poluentes do solo e da água.

Clonagem de genes e suas aplicações

Definição e processo

- **Clonagem de genes**: Criação de várias cópias idênticas de um gene, inserindo-o num vetor (por exemplo, plasmídeo) e replicando-o em células hospedeiras (por exemplo, bactérias).

- **Vectores**: Os plasmídeos, os vírus e as células de levedura são vectores normalmente utilizados. Os plasmídeos são moléculas circulares de ADN que se replicam de forma independente nas bactérias e podem transportar genes estranhos.

Aplicações em vários domínios

1. **Medicina**:

   - Produção de hormonas, anticorpos e vacinas através de técnicas de clonagem.

   - Investigação sobre as doenças genéticas e a função dos genes.

2. **Agricultura**:

   - Desenvolvimento de culturas resistentes a doenças e com

melhor conteúdo nutricional.

- o Redução da utilização de pesticidas químicos através de plantas resistentes aos insectos.

3. **Investigação e Biotecnologia**:

- o Estudo da função dos genes e da estrutura das proteínas através de genes clonados.

- o Desenvolvimento de organismos geneticamente modificados para fins de investigação.

Conclusão

A tecnologia do ADN recombinante e a clonagem de genes revolucionaram vários domínios, desde a medicina e a agricultura à indústria e à investigação. Estas tecnologias continuam a fazer avançar a nossa capacidade de compreender, manipular e utilizar a informação genética para aplicações benéficas.

Referências

1. Alberts B, Johnson A, Lewis J, et al. Molecular Biology of the Cell. 6ª edição. Garland Science; 2014.

2. Lodish H, Berk A, Zipursky SL, et al. Molecular Cell Biology. 4ª edição. W. H. Freeman; 2000.

3. Watson JD, Baker TA, Bell SP, et al. Molecular Biology of the Gene. 7ª edição. Cold Spring Harbor Laboratory Press; 2013.

4. Brown TA. Genomes. 4ª edição. Garland Science; 2010.

5. Primrose SB, Twyman RM. Principles of Gene Manipulation and Genomics [Princípios de manipulação de genes e genómica]. 8ª edição. Wiley-Blackwell; 2006.

6. Lewin B. Genes IX. Jones & Bartlett Learning; 2007.

7. Griffiths AJF, Miller JH, Suzuki DT, et al. An Introduction to Genetic Analysis. 7ª edição. W. H. Freeman; 2000.

8. Snustad DP, Simmons MJ. Principles of Genetics. 6ª edição. Wiley; 2012.

9. Maloy S, Hughes K. Brenner's Encyclopedia of Genetics. 2ª edição. Academic Press; 2013.

10. Lewin B. Essential Genes. Jones & Bartlett Learning; 2012.

11. Voet D, Voet JG, Pratt CW. Fundamentos de Bioquímica: Life at the Molecular Level. 5ª edição. Wiley; 2016.

12. Nelson DL, Cox MM. Lehninger Principles of Biochemistry. 7ª edição. W. H. Freeman; 2017.

13. Berg JM, Tymoczko JL, Gatto GJ Jr, et al. Biochemistry. 9ª edição. W. H. Freeman; 2019.

14. Garrett RH, Grisham CM. Biochemistry. 5ª edição. Cengage

Learning; 2012.

15. Alberts B. Essential Cell Biology. 4ª edição. Garland Science; 2013.

16. Lodish H, Berk A, Kaiser CA, et al. Molecular Cell Biology. 5ª edição. W. H. Freeman; 2003.

17. Berg JM, Stryer L, Tymoczko JL. Biochemistry. 8ª edição. W. H. Freeman; 2015.

18. Cox MM. Lehninger Principles of Biochemistry. 6ª edição. W. H. Freeman; 2013.

19. Nelson DL, Cox MM. Lehninger Principles of Biochemistry. 6ª edição. W. H. Freeman; 2013.

20. Voet D, Voet JG, Pratt CW. Fundamentos de Bioquímica: Life at the Molecular Level. 5ª edição. Wiley; 2016.

21. Nelson DL, Cox MM. Lehninger Principles of Biochemistry. 7ª edição. W. H. Freeman; 2017.

22. Berg JM, Tymoczko JL, Gatto GJ Jr, et al. Biochemistry. 9ª edição. W. H. Freeman; 2019.

23. Garrett RH, Grisham CM. Biochemistry. 5ª edição. Cengage Learning; 2012.

24. Alberts B. Essential Cell Biology. 4ª edição. Garland Science; 2013

Printed by Books on Demand GmbH, Norderstedt / Germany